麒麟操作系统系列丛书

银河麒麟
高级服务器操作系统
运维管理

麒麟软件有限公司　编著

电子工业出版社

Publishing House of Electronics Industry

北京·BEIJING

内 容 简 介

本书注重基础知识的介绍，同时突出实操性，结合实例讲解银河麒麟高级服务器操作系统管理中涉及的基础知识，使读者能够解决银河麒麟高级服务器操作系统运维管理中出现的常见问题，根据系统运维需求进行需求分析并完成解决方案的编制及技术支持。本书适合网络运维工程师、高校在校生，以及其他希望了解和掌握网络信息安全的读者学习与参考。

全书共 14 章，主要包括初识银河麒麟高级服务器操作系统、银河麒麟高级服务器操作系统 V10 的安装与初始化、shell 命令、用户和组管理、文件与目录管理、权限管理、文本编辑器、文件归档与重定向、软件包管理、服务与进程管理、计划任务与日志管理、系统启动流程、网络管理、磁盘管理。

图书在版编目（CIP）数据

银河麒麟高级服务器操作系统运维管理 / 麒麟软件有限公司编著 . —北京：电子工业出版社，2023.7

ISBN 978-7-121-45744-9

Ⅰ . ①银… Ⅱ . ①麒… Ⅲ . ①操作系统 Ⅳ . ① TP316

中国国家版本馆 CIP 数据核字（2023）第 103958 号

责任编辑：胡辛征　　特约编辑：李新承

印　　刷：固安县铭成印刷有限公司

装　　订：固安县铭成印刷有限公司

出版发行：电子工业出版社

　　　　　北京市海淀区万寿路 173 信箱　　　邮编：100036

开　　本：787×1092　1/16　　印张：11.25　　字数：302.4 千字

版　　次：2023 年 7 月第 1 版

印　　次：2025 年 1 月第 4 次印刷

定　　价：59.00 元

凡所购买电子工业出版社图书有缺损问题，请向购买书店调换。若书店售缺，请与本社发行部联系，联系及邮购电话：（010）88254888，88258888。

质量投诉请发邮件至 zlts@phei.com.cn，盗版侵权举报请发邮件至 dbqq@phei.com.cn。

本书咨询联系方式：（010）88254361，hxz@phei.com.cn，（010）88254569，xuehq@phei.com.cn。

序

党的十八大以来，习近平总书记高度重视网络安全和信息化工作，多次就网信工作召开会议、进行集体学习、开展实地调研，不断推动网信事业发展。网络安全和信息化是事关国家安全和国家发展、事关广大人民群众工作生活的重大战略问题。面对新时代新形势新要求，实现高质量发展，必须要重视内在的安全机制，大力提升自主创新能力，牢牢掌握关键核心技术。

"没有网络安全就没有国家安全。"有人把操作系统比作防护之盾，上承上层软件生态，下启底层硬件资源，其在网络安全和信息化工作中所起到的重要性不言而喻。操作系统能否实现自主创新，影响着整个互联网生态的自主可控。"金钱买不来技术，市场换不来技术"已成为社会共识。操作系统"卡脖子"，也可能成为中国发展的"绊脚石"。自主研发操作系统、推动核心技术创新是保障我国网络安全和信息安全的重要举措。

虽然国产操作系统的起步较晚，但经过几十年跋涉，在核心技术以及生态建设方面都有了不少积累。当前，国家网络强国战略持续释放政策红利，国产操作系统生态正在以前所未有的速度成长壮大。

随着国产操作系统的日益普及，市场对运维从业人员的需求与日俱增，并对运维人员的专业知识和技术储备提出更高的要求。无论是企业办公人员、C 端用户、IT 技术人员，还是企业运维人员、计算机专业学生，都应该学习国产操作系统运维课程。本书系统地介绍了银河麒麟高级服务器操作系统运维知识，丰富了相关领域的教材体系，为即将选择从业或已经从业的运维人员增加知识储备，从而为行业企业的发展进行赋能。

郑纬民

中国工程院院士

2023 年 8 月

本 书 编 委 会

前 言

本书是麒麟软件有限公司对银河麒麟高级服务器操作系统管理认证课程［简称 KYCA（运维）认证课程］的配套教材。麒麟软件 KYCA（运维）认证课程针对零基础学员，重点介绍银河麒麟高级服务器操作系统的系统管理。通过命令终端或 GUI 界面完成系统的运维管理，能够解决银河麒麟高级服务器操作系统运维管理中出现的常见问题，根据系统运维需求进行需求分析并完成解决方案的编制及技术支持。本书适合网络运维工程师、高校在校生，以及其他希望了解和掌握网络信息安全的读者学习与参考。

全书共 14 章，主要包括初识银河麒麟高级服务器操作系统、银河麒麟高级服务器操作系统 V10 的安装与初始化、shell 命令、用户和组管理、文件与目录管理、权限管理、文本编辑器、文件归档与重定向、软件包管理、服务与进程管理、计划任务与日志管理、系统启动流程、网络管理、磁盘管理。

第 1 章　初识银河麒麟高级服务器操作系统

主要介绍了国产操作系统的技术路线、发展历程，以及以银河麒麟高级服务器操作系统为代表的国产操作系统在各行各业中的应用案例。

第 2 章　银河麒麟高级服务器操作系统 V10 的安装与初始化

主要介绍了银河麒麟高级服务器操作系统 V10 的安装准备、完整安装过程及安装后的初始化配置。

第 3 章　shell 命令

主要介绍了银河麒麟高级服务器操作系统终端的使用、银河麒麟高级服务器操作系统环境变量及 shell 命令的使用。

第 4 章　用户和组管理

主要介绍了基于银河麒麟高级服务器操作系统多用户多任务的管理模式，对用户账户的管理、对组账户的管理，以及对账户密码的管理。

第 5 章　文件与目录管理

主要介绍了银河麒麟高级服务器操作系统的文件结构，以及对文件和目录的管理。

第 6 章　权限管理

主要介绍了在多用户多任务的管理模式下，为不同用户设置文件的访问权限以保障系统安全，涉及基本权限、特殊权限和 ACL 访问控制权限的管理。

第 7 章　文本编辑器

主要介绍了国产操作系统中常见的文本编辑器及银河麒麟高级服务器操作系统自带 Vim 编辑器的使用及友好交互设置。

第 8 章　文件归档与重定向

主要介绍了在银河麒麟高级服务器操作系统中以 tar 工具配合压缩工具实现对文件的打包、压缩和解压缩管理，同时重点介绍了对文件的重定向管理和数据处理常用工具的使用方法。

第 9 章　软件包管理

在银河麒麟高级服务器操作系统中，经常涉及软件包的删除和添加，管理方式包括 RPM 软件包管理、YUM 软件仓库建设、源码软件包管理。

第 10 章　服务与进程管理

主要介绍了在系统引导及运行过程中，对系统资源、服务器守护进程和其他进程的调度管理，重点介绍了进程优先级的设置与管理。

第 11 章　计划任务与日志管理

主要介绍了银河麒麟高级服务器操作系统 V10 通过 crontab 与 at 工具实现对系统计划任务的管理，重点介绍了基于 cron 运行的 Logrotate 日志切割工具的管理方法。

第 12 章　系统启动流程

主要介绍了银河麒麟高级服务器操作系统从启动到登录的整个引导过程，包括 BIOS 初始化、GRUB 引导程序、内核加载、systemd 守护进程启动。

第 13 章　网络管理

主要介绍了通过网络配置文件和终端命令对网络的基本配置和链路聚合管理。重点介绍了常见网络故障排查流程和基于网络的远程登录。

第 14 章　磁盘管理

主要介绍了基本的磁盘管理方法，包括对磁盘的分区、格式化、挂载，以及对磁盘的高阶管理，如逻辑卷管理和磁盘阵列管理。

通过本书的学习，使读者能对国产操作系统有一个全面的认知，了解国产操作系统的技术路线等相关基础知识，掌握基于国产操作系统的部署运维，能够胜任国产操作系统运维管理员的职位。

目 录

5 第 5 章
文件与目录管理

6 第 6 章
权限管理

7 第 7 章
文本编辑器

12 第12章
系统启动流程

13 第13章
网络管理

14 第14章
磁盘管理

第 1 章

初识银河麒麟高级服务器操作系统

信息技术应用创新是当今形势下国家经济发展的新动能。信息产业发展已经成为经济数字化转型、提升产业链发展的关键，从技术体系引进、强化产业基础、加强保障能力等方面着手，促进信息产业在本地落地生根，带动传统 IT 信息产业转型，构建区域级产业聚集集群。

CPU 和操作系统是整个信息产业的根基，没有安全可靠的 CPU 和操作系统，整个信息产业就是无根之木、无源之水。

国产主流操作系统大部分基于 Linux 发展而来，银河麒麟高级服务器操作系统也是基于 Linux，以开源根社区为基础，汇集各方开源资源而打造。国产主流操作系统技术路线如图 1-1 所示。

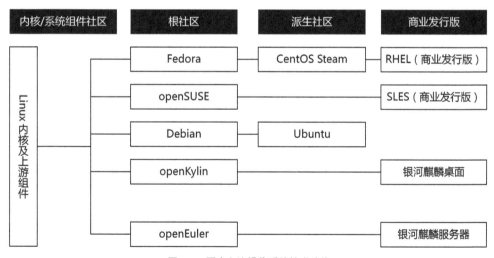

图 1-1　国产主流操作系统技术路线

1.1　服务器操作系统简介

任何计算机的运行都离不开操作系统，服务器也一样。服务器操作系统一般指的是安装在大型计算机或服务器上的操作系统。服务器操作系统可以实现对计算机硬件与软件的直接控制和管理协调。服务器操作系统主要分为：Windows Server、UNIX、Linux。

1. Windows Server

Windows Server 的重要版本有 Windows NT Server 3.0、Windows 2000 Server、Windows Server 2003、Windows Server 2003 R2、Windows Server 2008 、Windows Server 2008 R2 、Windows Server 2012。Windows 服务器操作系统结合 .NET 开发环境，为微软企业用户提供了良好的应用框架。

2. UNIX

UNIX 服务器操作系统主要支持大型的文件系统服务、数据服务等应用。市面上曾流行的 UNIX 系统版本有 SCO SVR、BSD UNIX、SUN Solaris、IBM-AIX、HP-UX、FreeBSD。

3. Linux

Linux 操作系统虽然与 UNIX 操作系统类似，但是它不是 UNIX 操作系统的变种。Linux 系统是由 Linux 内核加 GNU 组织形成的核外环境共同组成的，当前已成为主流操作系统。

1.2 银河麒麟高级服务器操作系统 V10

银河麒麟高级服务器操作系统 V10 是针对企业级关键业务，适应虚拟化、云计算、大数据、工业互联网时代对主机系统的可靠性、安全性、性能、扩展性和实时性的需求，依据 CMMI5 级标准研制的提供内生本质安全、云原生支持、自主平台深入优化、高性能、易管理的新一代自主服务器操作系统，同源支持飞腾、鲲鹏、龙芯、申威、海光、兆芯等自主平台；被应用于政府、金融、教育、财税、公安、审计、交通、医疗、制造等领域。基于银河麒麟高级服务器操作系统 V10，用户可轻松构建数据中心、高可用集群和负载均衡集群、虚拟化应用服务、分布式文件系统等，并实现对虚拟数据中心的跨物理系统、虚拟机集群进行统一的监控和管理。银河麒麟高级服务器操作系统 V10 支持云原生应用，满足企业当前数据中心及下一代的虚拟化（含 Docker 容器）、大数据、云服务的需求，为用户提供融合、统一、自主创新的基础软件平台及灵活的管理服务。

1.2.1 产品特点

1. 同源构建

同源构建支持 6 款自主 CPU 平台（飞腾、鲲鹏、龙芯、申威、海光、兆芯国产 CPU），并支持 Intel/AMD 等国际主流 CPU。

2. 自主 CPU 平台深入优化

针对不同自主 CPU 平台在内核安全、RAS 特性、I/O 性能、虚拟化和国产硬件（桥片、网卡、显卡、AI 卡、加速卡等）及驱动支持等方面的优化，以及工控机的支持。

3. 虚拟化及云原生支持

优化对 KVM、Docker、LXC 等虚拟化技术的支持，以及对 Ceph、GlusterFS、OpenStack、

k8s 等原生技术生态的支持，实现对容器、虚拟化、云平台、大数据等云原生应用的良好支持；提供新业务容器化运行和高性能可伸缩的容器应用管理平台。

4. 高可用性

通过 XFS 文件系统、备份恢复、网卡绑定、硬件冗余等技术和配套的磁盘心跳级麒麟高可用集群软件，可实现主机系统和业务应用的高可用保护，对外提供可持续服务。

5. 可管理性

提供图形化管理工具和统一的管理平台，实现对物理服务器集群运行状态的监控及预警、对虚拟化集群的配置及管控、对高可用集群的策略定制和资源调配等。

6. 内生本质安全

构建基于自主软硬件和密码技术的内核与应用一体化的内生本质安全体系；自研内核安全访问统一控制框架 KYSEC、生物识别管理框架和安全管理工具；支持多策略融合的强制访问控制机制、支持国密算法，并且可信计算通过 GB/T20272 第四级测评。

1.2.2　产品应用

在优秀的产品技术实力和客户服务支撑下，麒麟软件的用户构成非常广泛，遍布政务、金融、电力、交通等重点行业。

在政务领域，麒麟软件联合生态伙伴，推出了国产超级柜台自助服务终端解决方案，实现国产超级柜台自主服务器终端一体化。当前，国产超级柜台自助服务终端已经广泛应用于各级行政服务大厅的导办与综合业务窗口、各部门的专门业务窗口、社区服务站等。有效提升了政务服务大厅的办事效率和市民满意度。

在金融领域，自银河麒麟高级服务器操作系统 V10 在银行领域投入使用以来，产品性能始终保持稳定，能够提供多种客户售后服务，并保持 7×24 小时不间断响应，受到了用户的一致好评。2020 年年初，麒麟软件与某股份制银行开展深入合作，实现了银行核心业务系统的升级迭代。

在电力领域，麒麟软件也有重点应用。在 2020 年年末，麒麟软件配合了国内首套超超临界火电机组自主安全 DCS 的成功投运。

在航空航天领域，中国自主研发的火星探测器"天问一号"首次奔赴火星，成功出现在遥远的红色星球上，完成了国人航天史上的一次壮举，此次"天问一号"进行全过程飞行控制及火星表面作业的系统，均由银河麒麟高级服务器操作系统参与支撑。

第**2**章
银河麒麟高级服务器操作系统 V10 的安装与初始化

为了更好地学习本书的内容，建议读者安装银河麒麟高级服务器操作系统 V10，常见的系统安装方式有光盘安装、U 盘安装、网络安装。用户可以结合自己的情况选择适合自己的方式进行安装。银河麒麟高级服务器操作系统 V10 的安装，一般分为如下 3 个步骤：

1. 安装前的准备工作

安装前的工作主要是物料准备，需要明确将银河麒麟高级服务器操作系统 V10 安装在什么机器上，是物理机器还是虚拟机，安装机器是否已准备好，选择哪种安装方式，是否具备安装条件。本书建议的安装准备工作如下。

- 安装机器：物理服务器主机。
- 安装方式：光盘安装。
- 安装镜像：从官网下载最新光盘镜像，通过刻录光驱刻录光盘。书中使用的是银河麒麟高级服务器操作系统 SP2 版本。

2. 安装注意事项

- 安装语言：简体中文。
- 时区选择：亚洲 / 北京。
- 主机名：可自定义，如 kylinos-v10-server。
- 磁盘分区方式：默认分区。
- root 用户密码：大写、小写、数字、特殊符号，至少由 3 种符号组成密码，密码长度不少于 8 位。
- 是否创建普通用户。

3. 安装后设置

- 许可协议。
- 登录系统。

2.1　使用光盘引导安装系统

本书使用物理服务器进行安装，也可以使用虚拟机进行安装。使用虚拟机安装银河麒麟高级服务器操作系统 V10，首先需要准备一款虚拟机软件，常见的虚拟机软件有 VMware Workstation、Hyper-V、VirtualBox 等，大家可以在自己的计算机上安装一款虚拟机软件，通过新建一个虚拟机来完成准备工作。

2.1.1　安装步骤

1. 光盘引导启动系统

开机后将系统安装光盘插入服务器光驱，设置 BIOS 引导项，通过从光盘引导启动，进入安装界面，如图 2-1 所示。

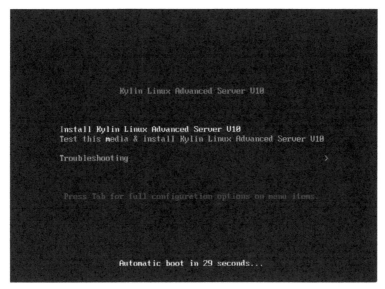

图 2-1　安装界面

安装界面提供了如下 3 个选项：

（1）Install Kylin Linux Advanced Server V10。安装银河麒麟高级服务器操作系统 V10，该选项属于默认选项，倒计时完成前如果用户没有选择，则默认选择此选项进行系统安装。

（2）Test this media & install Kylin Linux Advanced Server V10。测试安装光盘并安装银河麒麟高级服务器操作系统 V10，如果选择该选项并按 Enter 键后，首先会对光盘进行可用性检查，确保安装过程能够顺利完成。如果用户对自己的安装光盘存在担忧，可以先选择该选项进行光盘检查，确保安装过程中不会因为光盘问题无法完成安装。

（3）Troubleshooting。急救模式，如果安装完成后或者在工作过程中系统无法启动，可以选择该选项进入急救模式，对系统进行修复，之后再启动系统。

选择【Install Kylin Linux Advanced Server V10】选项并按 Enter 键，进入系统安装界面，如图 2-2 所示。

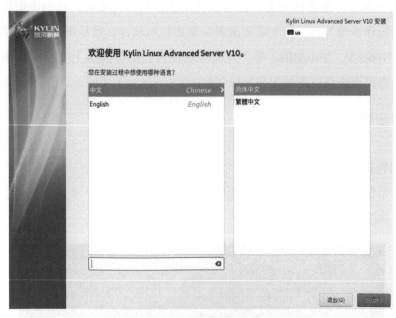

图 2-2　系统安装界面

2. 语言

用户可以根据自己的需求选择所使用的语言，目前银河麒麟高级服务器操作系统 V10 提供中文和 English 两种语言。此处默认为【中文→简体中文】选项，单击【继续】按钮，进入【安装信息摘要】界面，如图 2-3 所示。

图 2-3　【安装信息摘要】界面

安装信息摘要从 3 个维度进行设置，分别是本地化、软件、系统。

3. 键盘

在【键盘布局】界面中可以设置键盘布局，不同国家和地区的用户可根据所使用的语言选择相应的键盘布局，此处默认为【汉语】键盘布局，如图 2-4 所示。

图 2-4　【键盘布局】界面

如果希望选择其他键盘布局，可以单击图 2-4 中的【+】按钮，在打开的列表中进行选择，如图 2-5 所示。

图 2-5　【添加键盘布局】列表

设置完成后，单击【键盘布局】界面左上角的【完成】按钮，即可完成键盘布局设置。

4. 语言支持

【语言支持】界面用于选择系统安装完成后可以使用的语言，此处默认为【中文→简体中文】选项，如图 2-6 所示。

图 2-6　【语言支持】界面

如果希望同时支持多种语言，可以在列表中选择相应的复选框，单击【完成】按钮，完成设置，如图 2-7 所示。

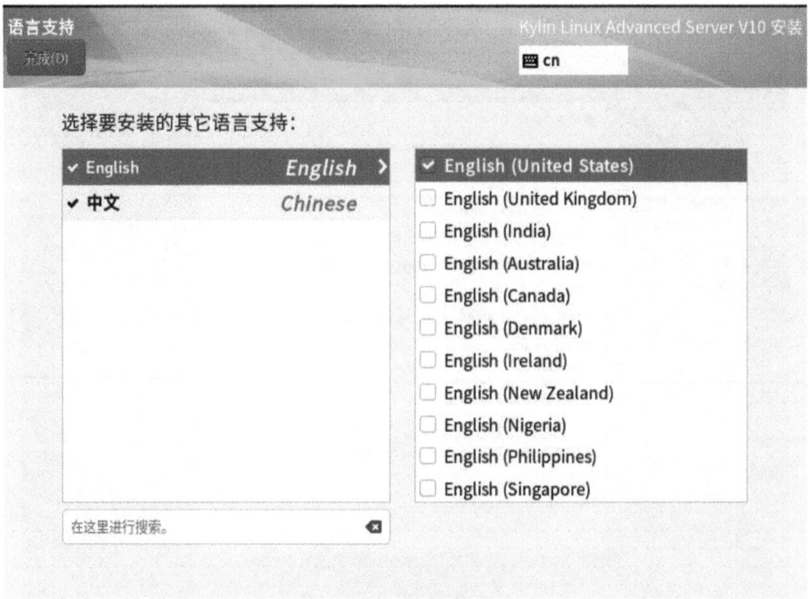

图 2-7　语言选择

此处选择【中文→简体中文】和【English（United States）】两个复选框，方便在后期的使用过程中切换。

5. 时间和日期

在【时间和日期】界面中可以对系统的时区、时间、日期进行设置。

（1）【时区】：不同的国家和地区所处的经度不同，所对应的时区也有所差异，正式的时区有 24 个，中国用户选择【亚洲→北京】选项即可。

（2）【网络时间】：计算机连接网络后，可以通过网络时间服务器来自动同步时间，无须手动设置，只需打开时间服务器同步即可。

（3）【时间设置】：系统时间分为两种制式，即【24 小时制（H）】和【AM/PM】，大家可以根据自己的喜好选择。

（4）日期设置：设置当前日期。

6. 安装源

在【安装源】界面中可以设置安装源，如图 2-8 所示，可以选择光盘安装或者网络安装，默认是光盘安装。如果用户希望通过光盘引导后再以网络方式安装系统，可以在这里进行设置。

图 2-8　【安装源】界面

7. 软件选择

在【软件选择】界面中可以选择系统安装的基本环境，以及自定义安装其他功能和软件包，如图 2-9 所示。

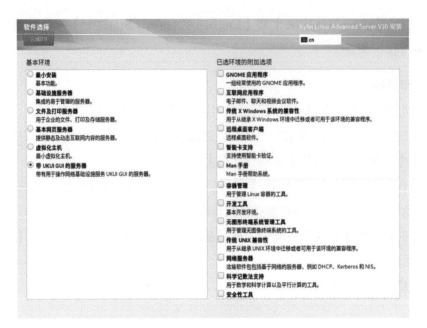

图 2-9 【软件选择】界面

【基本环境】列表：提供了 6 种安装环境，用户可以根据自己的使用场景进行选择。【最小安装】提供了基本功能，不提供桌面环境，占用空间最少，速度最快。【基础设施服务器】、【文件及打印服务器】、【基本网页服务器】、【虚拟化主机】这几种方式是根据用户应用场景推出的，如果用户希望提供一些基础服务，如 DNS、DHCP 等，可以选择【基础设施服务器】单选按钮；如果希望用作提供虚拟化功能的主机，可以选择【虚拟化主机】单选按钮，安装完成后会自带虚拟化环境；如果用户希望服务器安装完成后可以使用图形界面进行管理与维护，可以选择【带 UKUI GUI 的服务器】单选按钮。

【已选环境的附加选项】列表：提供了用户自定义安装的功能，用户可以在【基本环境】列表中设置后，再在【已选环境的附加选项】列表中选择自己需要的其他功能。

8. 安装目标位置

在【安装目标位置】界面中可以定义将系统安装在哪块磁盘，因为此操作和数据相关，所以用户必须手动选择，如图 2-10 所示。

选择安装目标位置后，单击【完成】按钮即可。

在【存储配置】选项组中选择【自动】单选按钮：根据默认分区方案对用户选择的磁盘进行分区、格式化，适合初级用户。

在【存储配置】选项组中选择【自定义】单选按钮：用户可以对选择的磁盘进行手动分区、格式化，适合高级用户。

在图 2-11 所示的【手动分区】界面中可以进行自动分区创建，也可以手动选择合适的分区方案并手动创建挂载点，一般在【设备类型】下拉菜单中选择【标准分区】选项。单击【＋】按钮，弹出【添加新挂载点】窗口，在该窗口中可完成【挂载点】和【期望容量】的设置。

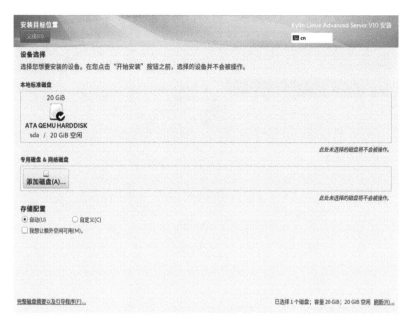

图 2-10　【安装目标位置】界面

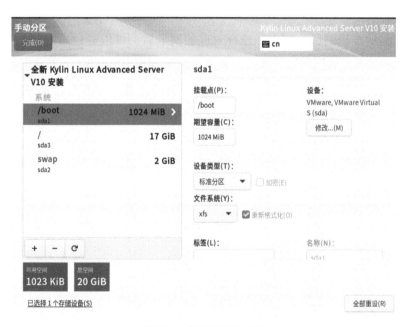

图 2-11　【手动分区】界面

9. Kdump

Kdump 是一个内核崩溃转储机制。当系统崩溃时，Kdump 将捕获系统信息，这将有助于诊断系统崩溃的原因（注意：Kdump 需要预留一部分内存，并且不可以被其他用户使用）。即使运行 free 命令也不会显示这部分保留内存。默认在安装过程中是启用 Kdump 的。

10. 网络和主机名

在【网络和主机名】界面中可以定义主机连接网络的方式和主机名称，如图 2-12 所示。

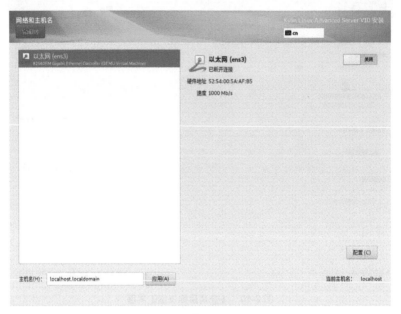

图 2-12　【网络和主机名】界面

左侧列表显示本机的所有网卡，选择对应的网卡后，可以通过右侧的【打开或关闭】按钮启用或禁用网卡。启用网卡后默认会通过 DHCP 获取 IP 地址，如果希望手动设置 IP 地址等信息，可以通过右下角的【配置】按钮对网卡进行设置，如图 2-13 所示。

设置完成后，单击【保存】按钮，完成配置。

图 2-13　配置网卡

返回【安装信息摘要】界面，在此处可设置用户信息，包括【root 密码】和【创建用户】，如图 2-14 所示。

图 2-14　设置用户信息

11. 用户设置

（1）【root 密码】：在安装过程中提示用户需要对系统管理员 root 设置登录密码，否则，无法完成安装。root 管理员密码要求 8 位以上，且必须包含大写字母、小写字母、数字、特殊字符中的 3 类，如图 2-15 所示。

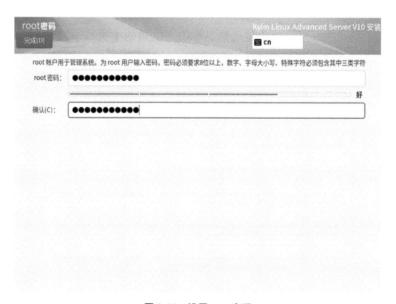

图 2-15　设置 root 密码

（2）【创建用户】：创建一个普通用户，可以根据需要自行选择，从安全运维管理的角度来讲，建议不要直接使用 root 管理员的账号，最好创建普通用户管理，只有在特殊情况下才使用 root 管理员的账号，从而防止误操作。

在【安装信息摘要】界面中设置完成后单击【开始安装】按钮，进入安装界面，此时会根据用户在【安装信息摘要】界面中的设置进行设置，如磁盘分区、格式化、软件包获取等。系统安装完成，需要单击【重启系统】按钮，重启系统如图 2-16 所示。

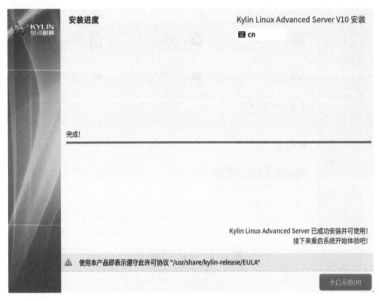

图 2-16　系统安装完成

2.1.2　安装后设置

系统安装成功后，会进入【许可信息】界面，用户必须同意使用许可协议，否则无法使用该系统，勾选【我同意许可协议】复选框，单击左上角的【完成】按钮，如图 2-17 所示。

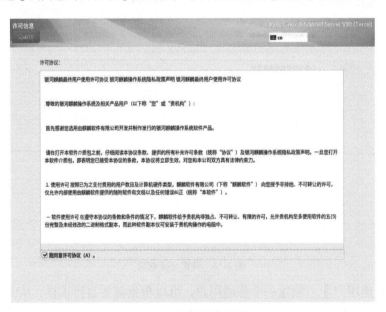

图 2-17　【许可信息】界面

如果在安装过程中没有创建用户，安装系统后还会询问是否创建用户，若有需求，则可以在【创建用户】界面中创建用户，如图 2-18 所示；如果没有需求，直接忽略即可。单击【完成】按钮，结束配置，进入用户登录界面，如图 2-19 所示。

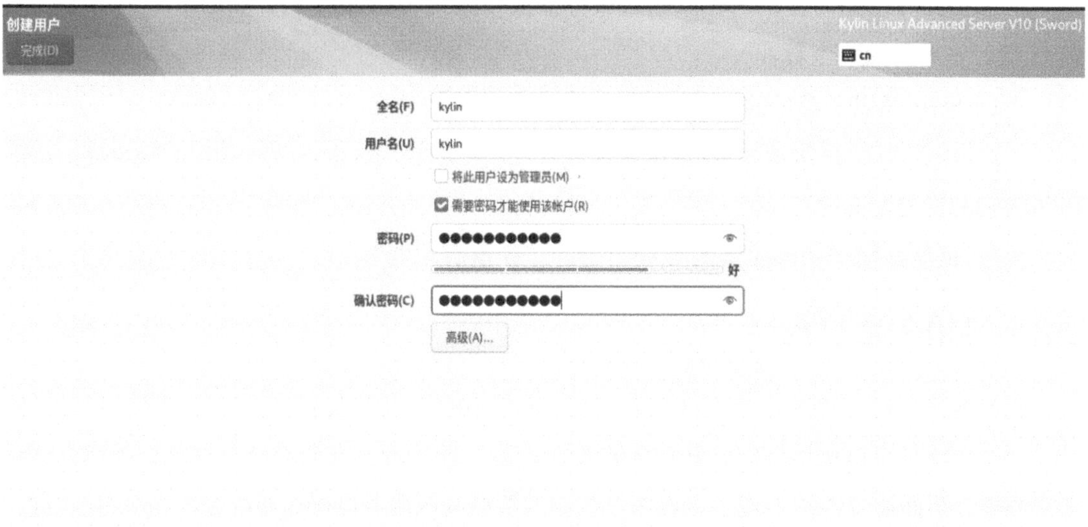

图 2-18　【创建用户】界面

图 2-19　用户登录界面

2.2　使用 U 盘引导安装系统

使用 U 盘安装银河麒麟高级服务器操作系统 V10，首先需要制作一个安装 U 盘。安装 U 盘需要 8GB 及以上的磁盘容量。一般情况下，通过制作工具制作安装 U 盘，常用的制作工具有如下 3 种：

- Windows：ultraiso。

- Linux：dd 命令、麒麟 U 盘启动器。

- macOS：dd 命令。

本书主要介绍如何在银河麒麟高级服务器操作系统 V10 中使用麒麟 U 盘启动器制作安装 U 盘。先准备如下工具：

（1）8GB 及以上容量的 U 盘一个。

（2）银河麒麟高级服务器操作系统 V10 安装镜像：Kylin-Server-10-SP2-x86-Release-Build09-20210524.iso。

（3）银河麒麟 V10 桌面操作系统自带的"U 盘启动器"。

2.2.1　制作安装 U 盘

银河麒麟 V10 桌面操作系统自带了一款非常实用的安装 U 盘制作工具——麒麟 U 盘启动器，通过该软件可以快速制作各种系统的安装 U 盘，使用起来非常方便、可靠。制作方法也非常简单，下面通过麒麟 U 盘启动器来制作银河麒麟高级服务器操作系统 V10 的安装 U 盘。

登录银河麒麟 V10 桌面操作系统，单击【开始】按钮，选择【U 盘启动器】选项，如图 2-20 所示。

图 2-20　选择【U 盘启动器】选项

打开【U 盘启动器】对话框，选择光盘镜像文件"Kylin-Server-10-SP2-x86-Release-Build09-20210524.iso"。

选择 U 盘。注意：U 盘会被格式化，如果有数据，一定要导出数据，防止数据丢失。

此时会弹出【授权】对话框，输入当前登录用户的账号和密码，单击【授权】按钮，返回【U 盘启动器】界面，单击【开始制作】按钮，如图 2-21 和图 2-22 所示。

图 2-21　【授权】对话框

图 2-22　【U 盘启动器】对话框

受计算机 USB 接口和 U 盘读写速度的影响，制作过程所花费的时间会视具体情况有所差异，如图 2-23 所示。

图 2-23　安装 U 盘在制作中

当制作进度显示 100% 时，安装 U 盘制作成功。

2.2.2　开始安装

将制作好的安装 U 盘插入需要安装系统的物理主机，通过 BIOS 设置启动设备为 U 盘，通过 U 盘引导启动，如图 2-24 所示。

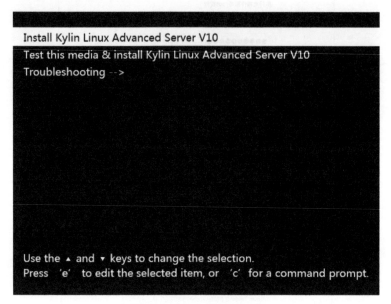

图 2-24　通过 U 盘引导启动

2.3　基本系统配置

系统安装完成后，输入账号和密码即可登录到系统，默认管理员账号为 root，登录密码为安装过程中用户设置的密码。

用户登录系统后可以对系统做一些初始化工作，如设置开机启动程序、时间和日期、网络配置、用户管理、Kdump、数据磁盘分区、格式化、挂载、防火墙等。初始化完成后就可以根据公司业务对服务器进行业务部署，上线业务了。

2.3.1　开机启动设置

系统安装完成后，开机时会默认启动一些应用程序，如果用户想自定义开机时需要启动的程序，可以通过开机启动设置进行管理。具体操作方式如下：单击【开始】按钮，选择【控制面板】选项，在【控制面板】界面中单击【开机启动】图标，如图 2-25 所示。

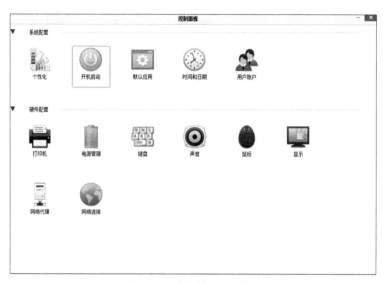

图 2-25　【控制面板】界面

2.3.2　网络访问配置

系统安装完毕，需要对网络进行初始化设置，以保证系统能正常传输数据。网络访问配置可以通过图形化的方式、网络配置文件的方式和命令行的方式进行配置。在服务器上一般采用命令行的方式配置网络，对初学者而言，可以采用图形化的方式配置网络。

1. 通过图形化的方式配置网络

在【控制面板】界面中单击【网络连接】图标，打开【网络连接】界面，如图 2-26 所示。

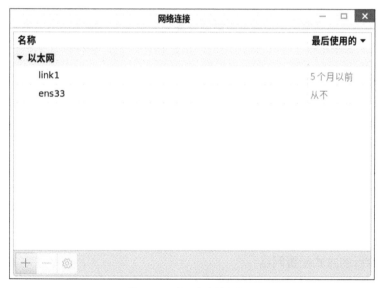

图 2-26　【网络连接】界面

双击任意一个网络连接，在弹出的对话框中可查看其在当前环境下的网络状态，【连接名称】可自定义，默认情况下会以物理网卡的名称作为网络连接的名称，如图 2-27 所示。

图 2-27　网络连接名称

在对话框中切换到【IPv4 设置】选项卡，设置网络配置方法为手动或自动（DHCP），手动配置网络需要配置【地址】、【子网掩码】、【网关】和【DNS 服务器】，如图 2-28 所示。

图 2-28　【IPv4 设置】选项卡

2. 通过命令行的方式配置网络

在命令行终端输入"nmtui-edit"命令，可以打开网络配置的 tui 界面，选择任意一个网络连接，在该界面中无法使用鼠标，按键盘上的上下方向键选择【编辑】选项，如图 2-29 所示。

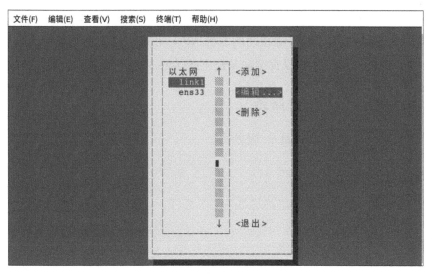

图 2-29　网络配置的 tui 界面

进入编辑连接界面，配置相应的网络参数，如图 2-30 所示。

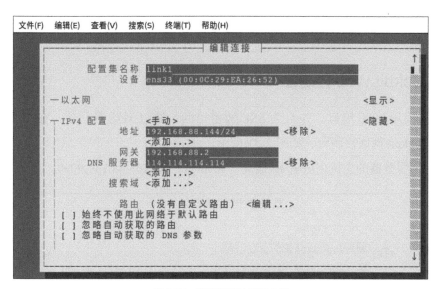

图 2-30　配置相应的网络参数

2.4　Cockpit 远程管理

2.4.1　Cockpit

Cockpit 是一个 Web 控制台，提供了易于使用的界面，使用户可以在服务器上执行管理任务。

用户可以在 Cockpit Web 控制台中执行多种管理任务，包括管理服务、管理用户账户、管理和监视系统服务、配置网络接口和防火墙、查看系统日志、管理虚拟机、创建诊断报告、设置内核转储配置、配置 SELinux、更新软件和管理系统订阅等。

Cockpit Web 控制台使用与终端相同的系统 API，并且在终端执行的任务会迅速反映在 Web 控制台中。此外，用户还可以直接在 Web 控制台或通过终端进行设置。

2.4.2　启动和查看 Cockpit 服务

使用如下命令启动和查看 Cockpit 服务：

```
systemctl start cockpit.socket
systemctl enable --now cockpit.socket
```

```
systemctl status cockpit.socket
```

如果用户正在系统上运行 firewalld，则需要使用如下命令打开防火墙中的 Cockpit 端口（9090 端口）：

```
firewall-cmd --add-service=cockpit --permanent
firewall-cmd --reload
```

2.4.3　Cockpit Web 控制台

Cockpit 使用 9090 端口，并且为 SSL 加密访问，通过浏览器登录，在浏览器中通过 URL 打开 Cockpit 网络控制台，如图 2-31 所示。

远程使用服务器的主机名或者 IP 地址，如 https://192.168.88.144:9090。

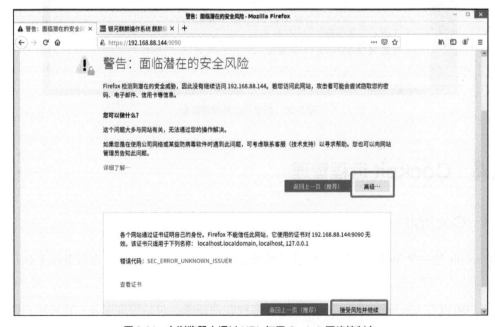

图 2-31　在浏览器中通过 URL 打开 Cockpit 网络控制台

登录时浏览器会提示链接不安全，这是因为 https 针对自签字安全证书会提示证书风险，单击【高级】按钮，打开提示窗口选择【接受风险并继续】按钮，添加例外接受此安全证书。

1. 登录

在 Web 控制台登录界面中输入当前登录用户的用户名和密码，如图 2-32 所示。如果用户具有 sudo 特权，则可以执行管理任务。例如，在 Web 控制台中安装软件、配置系统或配置 SELinux 等，登录后的界面如图 2-33 所示。

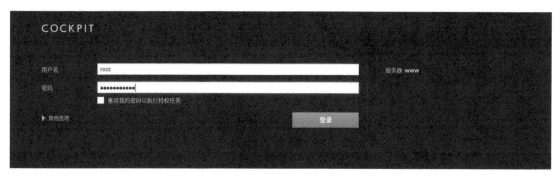

图 2-32　登录界面

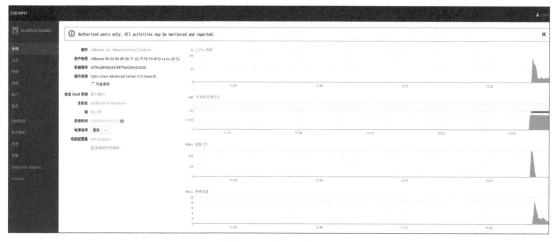

图 2-33　登录后的界面

2. 语言选择

用户可以选择语言，单击面板右侧当前登录的用户，打开下拉菜单，选择【显示语言】选项，如图 2-34 所示。在打开的【显示语言】窗口中选择合适的语言，如图 2-35 所示。

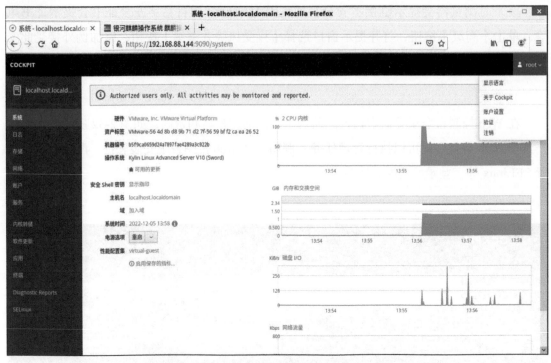

图 2-34　语言切换

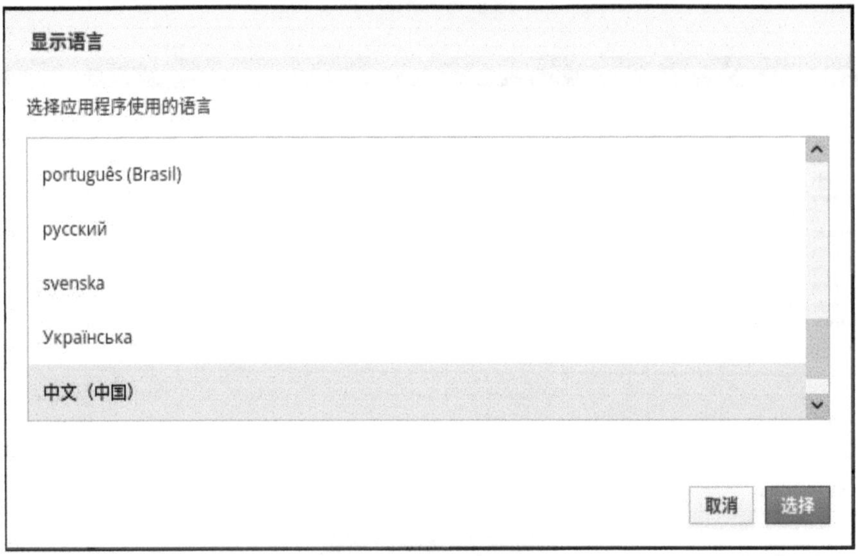

图 2-35　语言选择

3. 日志

Cockpit 可将日志信息按时间和严重性进行分类，【日志】界面如图 2-36 所示。

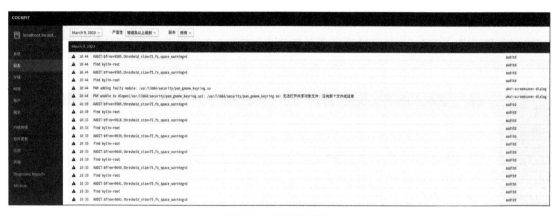

图 2-36　【日志】界面

4.网络

在【网络】界面中可以看到发送和接收的速率图，还可以看到网卡列表，用户可以对网卡进行绑定设置、桥接，以及配置 VLAN。单击网卡就可以进行编辑操作，如图 2-37 所示。

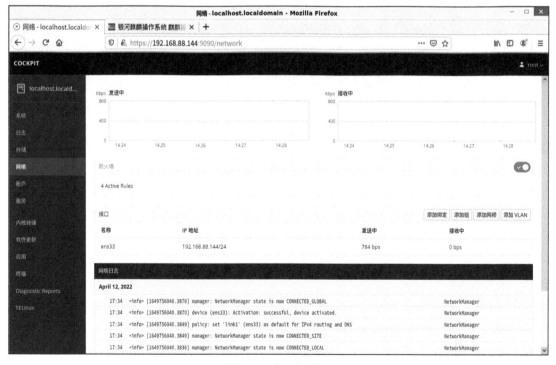

图 2-37　【网络】界面

5. 服务

服务被分成了 5 个类别：目标、系统服务、套接字、计时器和路径，【服务】界面如图 2-38 所示。

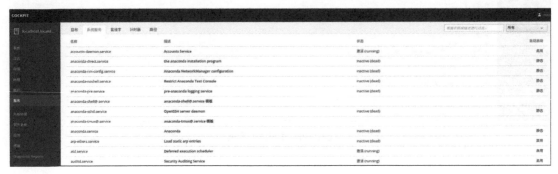

图 2-38　【服务】界面

6. 终端

Cockpit 提供实时终端执行任务，用户可以根据需求在 Web 和终端之间自由切换，以便快速执行任务，【终端】界面如图 2-39 所示。

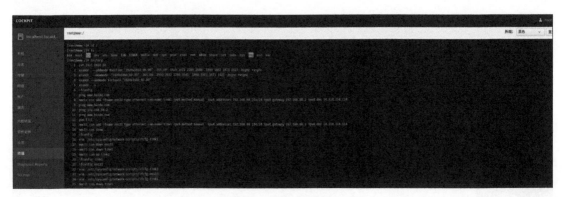

图 2-39　【终端】界面

第 3 章
shell 命令

银河麒麟高级服务器操作系统拥有强大的 shell 命令集，通过这些命令可以操控银河麒麟高级服务器操作系统完成各种任务。虽然基于银河麒麟高级服务器操作系统的图形界面已经非常完善和友好，但是对于很多 Linux 操作系统的使用者来说，通过命令去管理系统会更加快捷有效。

3.1 shell

shell 是一种命令解释器，为用户与操作系统进行交互操作提供了接口，方便用户使用系统中的软硬件资源。shell 也是命令的运行环境，提供脚本语言编程环境，方便用户完成简单及复杂的任务调度，如图 3-1 所示。

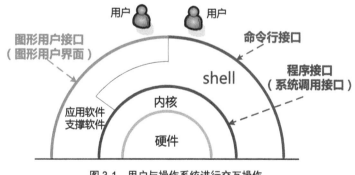

图 3-1　用户与操作系统进行交互操作

3.1.1　shell 种类

shell 种类繁多，每种 shell 有不同的特性和功能。大多数 shell 有自己的脚本语言，使用脚本语言可以建立复杂的自动执行程序，常见的 shell 命令类型有 bash、sh、csh、ksh。

用户进入命令行界面时，系统自动运行了一个默认的 shell 程序，并提供了交互式命令执行环境给用户。在银河麒麟高级服务器操作系统终端命令行环境下默认使用 bash 命令。bash 命令提供了数百个系统命令，尽管这些命令功能不同，但它们的使用方式和规则都是一致的。通过 echo $SHELL 命令可以查看系统中的 shell 环境，代码如下：

```
[kylin@kylin-PC:~]$ echo $SHELL
/bin/bash
```

3.1.2 shell 基本功能

1. Tab 命令补全功能

• 命令补全：用户输入命令后，有时无须输入完整的命令，系统会自动找出最符合的命令名称，这种功能可以节省输入长串命令的时间。

• 文件名补全：无须输入完整的文件名，只需输入文件名开头的几个字母，然后按【Tab】键，系统会将文件名补充完整，连续按两次【Tab】键，系统会显示所有符合输入前缀的文件名称。

• 命令联想：若忘记命令的全名，只记得命令的开头字母，按一次【Tab】键会将文件名补充完整，连续按两次【Tab】键，系统会显示所有符合输入前缀的命令名称。

2. 别名功能

alias 命令用于实现别名功能，其效力仅限于本次登录，在注销系统后，这个别名的定义就会消失。如果希望每次登录都使用该别名，可将别名的设置加入"~/.bashrc"文件中，若写入"/etc/bashrc"文件中（修改后需要 source 调用新配置），则系统中的所有用户都能使用这个别名。命令如下：

• 查询目前系统所有别名：#alias

• 设置别名：#alias ll= 'ls -l'

• 使用别名：#ll /etc

• 取消别名：#unalias ll

3. 查阅历史记录

在银河麒麟高级服务器操作系统的终端上输入命令并执行命令后，shell 就会存储输入命令，并形成历史记录（存放在 ~/.bash_history 中），以便系统再次运行之前的命令，历史记录的数量为 1000 笔，这些都定义在环境变量中。查阅历史记录，可以使用 history 命令，也可以使用键盘上的方向键来查看之前执行过的命令，可以使用【Ctrl+R】组合键来搜索，查看历史记录。命令如下：

• 列出所有的历史记录：#history

• 只列出最近 5 笔历史记录：#history 5

• 使用命令记录号码执行命令：#!561

• 重复执行上一个命令：#!!

• 执行最后一次以 ls 开头的命令：#!ls

4. 任务控制

在一个 shell 中完成多个任务时，可以通过对任务前台和后台的调度，实现多个任务的控制。

前台：出现提示符，前台是让用户进行操作的环境。后台：后台是不能让用户进行操作的环境，无法使用【Ctrl+C】组合键终止在后台执行的任务，可以使用 bg/fg 命令呼叫该任务。通常将比较耗时的任务放在后台执行。要执行后台程序，只需在输入命令时在命令的后面加上 "&"，之后按【Enter】键，系统将以后台的方式执行该任务。若系统目前正在执行某项任务，无法使用 "&" 新任务加入后台中执行，则需先按【Ctrl+Z】组合键暂停旧任务，然后输入 "bg" 命令，就可以将新任务放到后台执行。查看后台所有任务状态的命令是 #jobs -l。

接收来自用户输入的命令后，shell 会根据命令类型来执行；执行完毕，shell 会将结果回传给用户，并等待用户下一次输入；用户执行 exit 命令或按【Ctrl+D】组合键来注销 shell 才会结束，如图 3-2 所示。

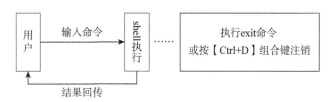

图 3-2　shell 的执行机制

3.1.3　shell 命令格式

shell 命令的格式：命令 [选项] [参数]

命令：相应功能英文单词或缩写。

选项：用于对命令进行控制，前面有一横杠。

参数：用于给命令加上范围。

中括号：说明该项可省略。例如，ls 命令的格式如图 3-3 所示。

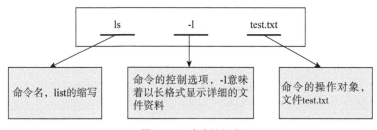

图 3-3　ls 命令的格式

特殊字符及其功能如表 3-1 所示。

表 3-1 特殊字符及其功能

字　符	功　能
'（单引号）	由单引号括起来的字符串被视为普通字符串，包括空格、$、/、\ 等特殊字符
"（双引号）	由双引号括起来的字符串，除 $、\、单引号和双引号仍作为特殊字符并保留其特殊功能外，其他字符串都视为普通字符串对待。"\" 是转义符，shell 不会对其后面的那个字符进行特殊处理，要将 $、\、单引号和双引号作为普通字符串，在其前面加上转义符 "\" 即可
`（反引号）	由反引号括起来的字符串被 shell 解释为命令行，在执行时首先执行该命令行，并以它的标准输出结果替代该命令行（反引号括起来的部分，包括反引号）
#	注释
\	转义符，将特殊字符或通配符还原成一般字符
|	分隔两个管道命令
;	分隔多个命令
~	用户的主目录
$	变量前需要加的变量值
&	将该符号前的命令放到后台执行

3.2 常见命令

银河麒麟高级服务器操作系统的常用命令包括基本命令、文件和目录操作命令等。命令是区分大小写的。

3.2.1 基本命令

1. history 命令

history：输出当前用户在命令行模式下执行的最后 1000 条命令。

2. pwd 命令

pwd：输出当前工作目录。

3. hostname 命令

hostname：输出当前本地主机的名称。

4. uname 命令

uname -a：输出本地计算机信息。

5. whoami 命令

whoami：输出当前使用者的登录账号。

6. date 命令

date：输出操作系统的当前日期、时间和时区。

-s：用于修改当前的日期和时间，举例如下。

date –s 2007-10-17

date –s 18:05:00

7. uptime 命令

uptime：输出自从上一次启动到现在系统运行的总时间。

8. free 命令

free：输出内存使用的信息。

free 命令还可以输出交换空间的相关信息。

9. clear 命令

#clear：清除字符终端屏幕内容。

10. su 命令

su userid：更换用户身份。

系统会提示用户输入密码，当密码验证成功后，系统将转入新用户身份的系统环境。默认更改为 root 用户。

11. shutdown 命令

shutdown [-h][-time][-i]：关闭计算机，需要有超级用户的权限才能使用该命令。

-h：关机后关闭电源。

-time：设置关机前的时间。

-i：关机时显示系统信息。

12. halt、reboot 命令

halt [-f][-d][-p][-i]：关闭系统，需要有超级用户的权限才能使用该命令。

-f：没有调用 shutdown 命令，而强制关机或重启计算机。

-i：关机前，关掉所有的网络接口。

-p：关机时顺便关闭电源。

-d：关闭系统，但不留下记录。

reboot [-n][-w][d][-i]：重启计算机，需要有系统管理员的权限才能使用该命令。

-n：重启计算机前不将记录写回硬盘。

-w：并不是真的重启计算机，只是把记录写入 /var/log/wtmp 文件中。

-d：不把记录写入 /var/log/wtmp 文件中。

-i：重启计算机前先把所有与网络相关的装备停止。

3.2.2 文件和目录操作命令

1. ls、dir 命令

ls、dir 命令用于列出当前目录的内容，dir 命令是 ls 命令的一个别名，所列出的文件会显示成不同的颜色，这些颜色代表不同的文件类型，如表 3-2 所示。

表 3-2 不同颜色代表不同的文件类型

颜　色	文件类型
深蓝色	目录
浅灰色	一般文件
绿色	可执行文件
紫色	图形文件
红色	压缩文件
浅蓝色	链接文件
黄色	设备文件
棕色	FIFO

如果想列出当前目录的所有内容，可以使用"-al"参数。

2. cd 命令

cd 命令用于更改当前目录，如果只输入"cd"且没有指定目录名，将切换到当前用户的主目录。输入"cd -"将切换到上一次用户访问的目录。输入"cd .."将退到当前目录的上一级目录（父目录）。

3. cat 命令

cat 命令用于查看文本文件的内容，命令格式为"cat 文件名称"，cat 命令经常和more、head、tail、less 及管道命令结合使用，例如：

cat filename | more、cat filename| head、cat filename| tail、cat filename| less

cat 命令选项说明如下：

-b：对非空输出行进行编号。

-n：对输出的所有行进行编号。

-E：在每行结束处显示 $。

-s：不输出多行空行。

例如，查看 /etc 目录下 profile 文件的内容，对输出的所有行进行编号，并在每行的结尾处附加 $ 符号，命令如下：

cat –E /ect/profile

cat 命令可同时显示多个文件的内容，如在一个 cat 命令上同时显示两个文件的内容，命令如下：

\# cat /etc/fstab /etc/profile

对于内容较多的文件来说，可以通过管道"|"将文件传送到 more 工具，进行分页查看：

\# cat /etc/fstab /etc/profile | more

cat 命令可连接多个文件的内容并将内容输出到一个新的文件中，命令如下：

\# cat t01.txt t02.txt t03.txt >t03.txt

\# cat t03.txt

如果输出到一个已经存在的 t03.txt 文件，会把 t03.txt 内原来的内容清空。

cat 命令还可以把多个文件合并追加到一个已存在的文件中，命令如下：

\# cat t01.txt t02.txt t03.txt >> t03.txt

\# cat t03.txt

4. more 命令

more 命令是最常用的命令之一，可根据窗口的大小分页显示输出的内容，还能提示文件的百分比。

选项说明如下：

+num：从第 num 行开始显示。

-num：定义屏幕大小为 num 行。

-c：从顶部清屏然后显示。

-d：提示 Press space to continue, 'q' to quit（按空格键继续，按【Q】键退出）。

-I：忽略 Ctrl+I（换页）字符。

-p：通过清除窗口而不是滚屏来对文件进行换页。与 -c 选项类似。

-s：把连续的多个空行显示为一行。

-u：把文件内容的下画线去掉。

例如，从终端顶部开始显示文档内容，且显示提示，命令如下：

\# more –dc /etc/profile

当查看一个内容较多的文件时，要用到 more 的动作指令，如【Ctrl+F】组合键表示向下显示一屏，【Ctrl+B】组合键表示返回上一屏；= 表示输出当前的行号；:f 表示输出文件名和行号；q 表示退出 more。

5. head 命令

head 命令可以从头部显示指定长度的文本文件内容。命令格式为"head -n 行数值文件名"。例如：

\# head –n 10 /etc/profile

6. tail 命令

tail 命令可以从尾部显示指定长度的文本文件内容。命令格式为"tail -n 行数值文件名"。

7. diff 命令

diff 命令用于找出两个文件的不同之处，命令格式为"diff file1 file2"。

8. grep 命令

grep 命令用于搜索并显示特定字符串，一般用来过滤显示结果，避免显示太多不必要的信息。命令格式为"grep string file"，从 file 文件中过滤出包含字符串 string 的内容。该命令经常和管道命令一起使用，过滤屏幕的输出。

第 4 章

用户和组管理

用户和组在计算机系统中是非常重要的两个组成元素。用户账户用来登录计算机或者管理系统中的进程，组账户用来进行权限管理，用户账户加入组账户后默认就继承了该组账户对文件或文件夹的权限。用户账户和组账户的管理也是日常应用中常见的工作。

银河麒麟高级服务器操作系统默认超级用户为 root，其 UID（用户 ID 号）一定为 0。系统用户 UID 编号范围为 1 ～ 999，普通用户的 UID 默认从 1000 开始编号。以普通用户身份登录系统，在执行权限比较高的命令时，可以通过 sudo 命令获得临时 root 权限。

4.1 用户账户管理

在创建用户账号时，通常会给用户赋予对应的权限，如备份权限、用户管理权限、文件管理权限等。通过权限的合理分配，可以让工作更加合理、高效、安全。用户账户是用来登录计算机系统的凭证，是一种用来记录单个用户或多个用户的数据，类似于入场券。需要使用计算机的用户必须获得对应登录计算机的账号和密码，才可以进入计算机。

4.1.1 创建用户

useradd 命令用于创建一个新用户。

useradd 命令的语法如下：

```
useradd [选项] 用户账号
useradd -D  # 显示 useradd 命令默认选项
useradd -D [选项][参数]  # 修改 useradd 命令默认选项值
```

useradd 命令选项如表 4-1 所示。

表 4-1　useradd 命令选项

选　　项	描　　述
-D	显示或更改 useradd 命令默认选项
-u	用来指定新账户的 UID，如果省略这个选项，useradd 会自动以最后一个可用的 UID 作为新账号的 UID
-o	允许使用重复的（非唯一）UID
-g	定义用户的主要组。使用 -g 选项前，组账号必须已经存在
-d	指定用户的主目录。默认的主目录建立在 /home/ 目录下，而且目录名称与用户名称相同
-s	指定用户登录执行的程序
-c	指定用户的描述说明。如果批注文字包含空白，必须使用双引号（""）括起来
-r	用来指出建立一个系统用户的账号
-M	不创建主目录
-N	不创建同名组
-e	用户账户过期的日期。日期以 YYYY-MM-DD 格式指定
-f	密码过期后，账户被彻底禁用之前的天数。0 表示立即禁用，-1 表示禁用这个功能

创建一个用户名为 tony 的用户，代码如下：

```
[root@kylinos-PC:~/ 桌面 ] # useradd tony
```

创建一个用户名为 kylin-user01 的用户，该用户为系统用户，登录 shell 为非交付式 shell，代码如下：

```
[root@kylinos-PC:~/ 桌面 ] # useradd -r -s /sbin/nologin kylin-user01
```

创建一个用户名为 alex 的用户，要求如下：

（1）UID 为 98989。

（2）属组为 root，不创建同名组。

（3）主目录为 /users/alex。

（4）描述为 "kylinos user"。

（5）用户过期时间为 "2022-12-31"。

（6）密码过期时间为 3 天。

（7）登录 shell 为 /bin/sh。

代码如下：

```
[root@kylinos-PC:~/ 桌面 ] # mkdir /users

[root@kylinos-PC:~/ 桌面 ] # chmod 755 /users

[root@kylinos-PC:~/ 桌面 ] # useradd -u 98989 -N -g 0 -d /users/alex -c
"kylinos user" -e "2022-12-31" -f 3 -s /bin/sh alex
```

4.1.2　用户修改

usermod 命令用于修改一个用户账户相关信息。

usermod 命令的语法如下：

```
usermod [ 选项 ] 用户账号
```

usermod 命令选项如表 4-2 所示。

表 4-2　usermod 命令选项

选　　项	描　　述
-a	将用户添加到附加组。只能和 -G 选项一起使用
-g	修改用户 GID
-u	修改用户 UID
-c	修改用户注释信息
-d	修改用户主目录，一般用于本机用户家目录迁移，如用户没有主目录，则默认创建一个
-s	修改用户登录系统时默认 shell 类型
-m	将用户主目录移动到其他位置，和 -d 一起使用才有效
-e	修改用户账户过期的日期，日期以 YYYY-MM-DD 格式指定
-f	修改用户密码过期后，账户被彻底禁用之前的天数。0 表示立即禁用，-1 表示禁用这个功能
-l	修改账户的用户名称
-L	锁定账户，锁定的账户将无法用来登录系统
-U	解除锁定

修改 tony 用户的属性，要求如下：

（1）附加组为 daemon。

（2）将 UID 修改为 4000。

（3）移动主目录到 /users 下。

（4）登录 shell 为 /bin/sh。

（5）修改用户名为 kylin_os。

（6）该账户过期时间为 2022-12-31。

（7）用户密码过期 3 天后失效。

代码如下：

```
[root@kylinos-PC:~/ 桌面 ] # usermod -a -G daemon -u 4000 -m -d /users/kylin_
os -e 2022-12-31 -f 3 -s /bin/sh -l kylin_os tony
```

锁定用户 alex，代码如下：

```
[root@kylinos-PC:~/ 桌面 ] # usermod -L alex
```

4.1.3 用户查询

id 用于查看用户的基本信息，输出格式如下：

用户 id=UID（用户名）组 id=GID（组名）组 = 属组 GID（属组名），附加组 GID（附加组名）

例如，打印 kylin_os 用户信息，代码如下：

```
[root@kylinos-PC:~/桌面 ] # id kylin_os
用户 id=4000(kylin_os) 组 id=1000(kylinos) 组 =1000(kylinos),2(daemon)
```

4.1.4 用户删除

userdel 命令用于删除用户账户和相关文件。

userdel 命令的语法如下：

```
userdel [ 选项 ] 用户登录名
```

userdel 命令选项如表 4-3 所示。

表 4-3　userdel 命令选项

选　项	描　述
-r	用户主目录中的文件将随用户主目录和用户邮箱一起删除。在其他文件系统中的文件必须手动搜索并删除
-f	强制删除用户

例如，删除 alex 用户，连同邮箱、主目录一起删除，代码如下：

```
[root@kylinos-PC:~/桌面 ] # userdel -r alex
```

4.2 密码管理

用户账号就像一张通行证，有了账号才能顺利使用操作系统。操作系统怎么确认使用某账号的人是这个账户的真正拥有者呢？操作系统会根据用户的密码来验证用户的身份，只有输入的账户和密码一致才可以登录操作系统。

操作系统的用户账户与组账户都可设置密码。用户账户的密码用来验证用户的身份；组账户的密码用来确认用户是否为该组的成员，以及确认是否为该组的管理者。

在操作系统中，当使用 useradd 命令新建一个用户账户时，useradd 会锁定新建用户的密码，如此一来，用户暂时不能使用。必须修改其密码后，新用户才能用其账户登录。修改用户账户的密码需要使用 passwd 命令。

4.2.1　设置密码

passwd 命令用于设置或修改用户密码。

passwd 命令的语法如下：

```
passwd [ 选项 ] 用户名
```

passwd 命令选项如表 4-4 所示。

表 4-4　passwd 命令选项

选　项	描　述
-d	删除用户密码，即把文件中的密码字段清空
-l	用来锁定账户，账户一经锁定，用户再怎样输入密码，也会被判断为错误。该选项只能由 root 使用，普通用户无法用来锁定自己的账号
-u	解锁用户

密码设置有两种方式：交互式设置和非交互式设置。

交互式为用户 kylin_os 设置密码，密码为 KyLin_os2021，代码如下：

```
[root@kylinos-PC:~/ 桌面 ] # passwd kylin_os
更改用户 kylin_os 的密码 。
新的密码：
无效的密码：密码是一个回文
重新输入新的密码：
passwd：所有的身份验证令牌已经成功更新。
```

非交互式为用户 kylin_os 设置密码，密码为 KyLin_os2021，代码如下：

```
[root@kylinos-PC:~/ 桌面 ] # echo "KyLin_os2022"|passwd --stdin kylin_os
更改用户 kylin_os 的密码。
passwd：所有的身份验证令牌已经成功更新。
```

4.2.2　修改密码过期信息

chage 命令用于更改用户密码过期信息。

chage 命令的语法如下：

```
chage [ 选项 ] 登录名
```

chage 命令选项如表 4-5 所示。

表 4-5　chage 命令选项

选　　项	描　　述
-d，--lastday 最近日期	将最近一次密码设置时间设为"最近日期"
-E，--expiredate 过期日期	将账号过期时间设为"过期日期"
-h，--help	显示此帮助信息并退出
-I，--inactive INACITVE	过期 INACTIVE 天数后，设定密码为失效状态
-l，--list	显示账号年龄信息
-m，--mindays 最小天数	将两次改变密码之间相距的最小天数设为"最小天数"
-M，--maxdays 最大天数	将两次改变密码之间相距的最小天数设为"最大天数"
-R，--root CHROOT_DIR	chroot 到的目录
-W，--warndays 警告天数	将过期警告天数设为"警告天数"

例如，查看用户 kylin_os 的密码信息，代码如下：

```
[root@kylinos-PC:~/桌面] # chage -l kylin_os
最近一次密码修改时间            : 2 月 13，2022
密码过期时间                    : 3 月 15，2022  #注意2月只有28天
密码失效时间                    : 3 月 18，2022
账户过期时间                    : 6 月 30，2022
两次改变密码之间相距的最小天数  : 2
两次改变密码之间相距的最大天数  : 30
在密码过期之前警告的天数        : 5
```

4.2.3　用户的密码属性

设置用户的密码属性可以通过交互式和非交互式两种方式来完成。

（1）非交互式设置用户 kylin_os 的密码属性：

①密码修改最小时间间隔为 2 天。

②密码修改最大时间间隔为 30 天

③密码过期 3 天后，密码失效。

④密码过期警告天数为前 5 天。

⑤密码过期时间为 2022-06-30。

代码如下：

```
[root@kylinos-PC:~/桌面] # chage -m 2 -M 30 -E 2022-06-30 -I 3 -W 5 kylin_os
```

（2）交互式设置用户 kylin_os 的密码属性，代码如下：

```
[root@kylinos-PC:~/桌面] # chage kylin_os
正在为 kylin_os 修改年龄信息
请输入新值，或直接按【Enter】键确认使用默认值


    最小密码年龄 [2]:
    最大密码年龄 [30]:
    最近一次密码修改时间 (YYYY-MM-DD) [2022-02-13]:
    密码过期警告 [5]:
    密码失效 [3]:
    账户过期时间 (YYYY-MM-DD) [2022-06-30]:


    因为上条命令已经执行过需求了，所以，依次按【Enter】键确认使用默认值即可。
```

4.2.4　账户相关文件

1. /etc/passwd 文件

/etc/passwd 文件为系统用户的密码文件，本机的用户账号数据存储于此文件中，默认只有 root 用户可以修改，其他用户只能读取。文件保存了用户的相关信息，每行代表一个账号的数据，每行包括 7 个字段，使用冒号（:）进行分隔，示例代码如下：

```
root:x:0:0:root:/root:/bin/bash
bin:x:1:1:bin:/bin:/sbin/nologin
daemon:x:2:2:daemon:/sbin:/sbin/nologin
adm:x:3:4:adm:/var/adm:/sbin/nologin
lp:x:4:7:lp:/var/spool/lpd:/sbin/nologin
sync:x:5:0:sync:/sbin:/bin/sync
shutdown:x:6:0:shutdown:/sbin:/sbin/shutdown
halt:x:7:0:halt:/sbin:/sbin/halt
mail:x:8:12:mail:/var/spool/mail:/sbin/nologin
operator:x:11:0:operator:/root:/sbin/nologin
games:x:12:100:games:/usr/games:/sbin/nologin
ftp:x:14:50:FTP User:/var/ftp:/sbin/nologin
nobody:x:65534:65534:Kernel Overflow User:/:/sbin/nologin
```

```
sshd:x:74:74:Privilege-separated SSH:/var/empty/sshd:/sbin/nologin

unbound:x:999:994:Unbound DNS resolver:/etc/unbound:/sbin/nologin

polkitd:x:998:993:User for polkitd:/:/sbin/nologin

rtkit:x:172:172:RealtimeKit:/proc:/sbin/nologin

pipewire:x:997:992:PipeWire System Daemon:/var/run/pipewire:/sbin/nologin
```

passwd 文件字段说明如表 4-6 所示。

表 4-6　passwd 文件字段说明

字　段	功　能
USERNAME	用户账户的名称，即用户账号
PASSWORD	用户账号的密码位
UID	用户账户 UID
GID	用户账户 GID
GECOS	用户详细信息，如姓名、年龄、电话等，也可以是空
HOME	用户主目录
SHELL	用户登录系统后默认 shell 类型

2. /etc/shadow 文件

/etc/shadow 文件存储用户密码及密码额外功能的文件。/etc/shadow 文件的格式与 /etc/passwd 类似，也是每行代表一个账号的数据，每行包括 9 个字段，使用冒号（:）进行分隔，示例代码如下：

```
root:$6$NZHal2N9pofPsU.T$IsSA7INnosFn2nOblrVhk8G8.SGjp6mRBCM.f/uyzZIdoQB.
zibvnUkixQ8QuVa7ThTwJO2sHi8KVSUreaqPal::0:99999:7:::

bin:*:18699:0:99999:7:::

daemon:*:18699:0:99999:7:::

adm:*:18699:0:99999:7:::

lp:*:18699:0:99999:7:::

sync:*:18699:0:99999:7:::

shutdown:*:18699:0:99999:7:::

halt:*:18699:0:99999:7:::

mail:*:18699:0:99999:7:::

operator:*:18699:0:99999:7:::

games:*:18699:0:99999:7:::

ftp:*:18699:0:99999:7:::

nobody:*:18699:0:99999:7:::

sshd:!:19093::::::
```

shadow 文件字段说明如表 4-7 所示。

表 4-7　shadow 文件字段说明

字　　段	功　　能
USERNAME	用户账号名称
PASSWORD	加密后的密码
LAST_CHANGED	密码最后一次修改的日期
MIN_DAYS	密码修改的最小间隔天数
MAX_DAYS	密码修改的最大天数
WARNNING	密码过期前警告的天数
EXPIRES	密码过期的日期
INVALID	失效日期
RESERVED	保留位，未定义功能

4.3　组账户管理

组账户用来存储多个用户的信息，每个组账户可以用来记录一组用户的数据，也代表一组账户的权限。当希望对多个用户赋予相同权限时，只需要创建一个组账户，将多个用户账户加入该组，然后给该组账户赋予权限就可以了，组内用户就继承了该组的权限。

4.3.1　创建组账户

groupadd 命令用于创建一个新组。

groupadd 命令的语法如下：

```
groupadd [选项] 组账号
```

groupadd 命令选项如表 4-8 所示。

表 4-8　groupadd 命令选项

选　　项	描　　述
-g	指定组账号的标识符（GID 类似于 UID 的一个正整数，默认为 1000 ～ 60000）
-r	指定添加的组成为系统组，GID 默认为 0 ～ 999
-f	强制并成功执行该命令，如新创建的组的 GID 非唯一，则按当前创建账号 GID 的顺序指定一个新的 GID，不重复则使用用户指定的 GID
-o	此选项允许添加一个使用非唯一 GID 的组

创建一个 GID 为 3389 的组账户，名字为 kygroup，代码如下：

```
[root@kylinos-PC:~/桌面] # groupadd -g 3389 kygroup
```

创建一个 GID 为 0 的组账户，名称为 admin，代码如下：

```
[root@kylinos-PC:~/ 桌面 ] # groupadd -o -g 0 admin
```

创建一个 GID 为 3389 的组账户，要求强制创建，组名为 admin1，代码如下：

```
[root@kylinos-PC:~/ 桌面 ] # groupadd -f -g 3389 admin1
```

4.3.2　查看组账户信息

1. /etc/group 文件

本机的组账户数据被存储在 /etc/group 文件中，权限也必须为 0644，与 /etc/passwd 一样，这也是一个文本文件。每行代表一个账户的数据，每行包括 4 个字段，使用冒号（:）进行分隔。group 文件字段说明如表 4-9 所示。

表 4-9　group 文件字段说明

字　　段	功　　能
GROUPNAME	组账户名称
PASSWORD	组账户密码
GID	组 ID
MEMBER	组内成员名称

2. /etc/gshadow 安全组账户信息文件

存储组密码及密码额外功能的文件，/etc/gshadow 文件的默认权限是 root 用户，拥有读写权限，其他用户没有权限。每行代表一个账户的数据，每行包括 4 个字段，使用冒号（:）进行分隔。gshadow 文件字段说明如表 4-10 所示。

表 4-10　gshadow 文件字段说明

字　　段	功　　能
GROUPNAME	组账户名称
PASSWORD	组账户密码
GROUP ADMIN	组管理员
MEMBER	组内成员

查看创建的组账户信息，代码如下：

```
[root@kylinos-PC:~/ 桌面 ] # tail -4 /etc/group
group kygroup:x:3389:
admin:x:0:
kyclass:x:972:
admin1:x:3390:
```

4.3.3　修改组账户

groupmod 命令用于修改组的属性信息。

groupmod 命令的语法如下：

```
groupmod [选项] 组账号
```

groupmod 命令选项如表 4-11 所示。

表 4-11　groupmod 命令选项

选　　项	描　　述
-g	修改组账号的标识符。GID 就是新的标识符
-n	用来修改组的名称
-o	和 -g 一起使用，允许改为非唯一的 GID

修改 admin1 的 GID 为 5000，代码如下：

```
[root@kylinos-PC:~/桌面] # groupmod -g 5000 admin1
```

修改 admin 的名字为 admin100，代码如下：

```
[root@kylinos-PC:~/桌面] # groupmod -n admin100 admin
```

修改 kyclass 组的 GID 为 0，代码如下：

```
[root@kylinos-PC:~/桌面] # groupmod -o -g 0 kyclass
```

4.3.4　删除组账户

groupdel 命令用于删除一个组，不能删除仍包含用户的组。在删除组之前，必须先删除组中的用户。

groupdel 命令的语法如下：

```
groupdel [选项] 组账号
```

groupdel 命令选项如表 4-12 所示。

表 4-12　groupdel 命令选项

选　　项	描　　述
-h	帮助信息

删除 admin1 组，代码如下：

```
[root@kylinos-PC:~/桌面] # groupdel admin1
```

第 **5** 章

文件与目录管理

Linux 中所有的内容都是以文件的形式保存和管理的，一切皆文件。为了方便管理文件，Linux 默认创建了很多目录，按类对文件进行存储，方便用户后期使用和查找。在银河麒麟高级服务器操作系统 V10 中，为了方便用户对文件的管理及使用，可以通过创建不同的目录将文件分类存储。

5.1 目录管理

5.1.1 创建目录

mkdir 命令用于创建目录。

mkdir 命令的语法如下：

```
mkdir [选项] 目录名称
```

mkdir 命令选项如表 5-1 所示。

表 5-1　mkdir 命令选项

选　　项	描　　述
-p	创建嵌套目录结构按路径名称创建多重目录
-v	显示创建过程

创建 kylinos 目录，代码如下：

```
[root@kylinos-PC:~/ 桌面 ] # mkdir kylinos
```

创建 kylinos1 目录，并打印创建过程，代码如下：

```
[root@kylinos-PC:~/ 桌面 ] # mkdir -v
kylinos1 mkdir: 已创建目录 'kylinos1'
```

创建 kylinos2 目录及下属 a、b、c、d 4 个子目录，代码如下：

```
[root@kylinos-PC:~/ 桌面 ] # mkdir -pv kylinos2/{a,b,c,d}
mkdir: 已创建目录 'kylinos2'
mkdir: 已创建目录 'kylinos2/a'
mkdir: 已创建目录 'kylinos2/b'
mkdir: 已创建目录 'kylinos2/c'
mkdir: 已创建目录 'kylinos2/d'
```

5.1.2　删除目录

rmdir 命令用于删除一个空目录。

rmdir 命令的语法如下：

```
rmdir [ 选项 ] 目录名称
```

rmdir 命令选项如表 5-2 所示。

表 5-2　rmdir 命令选项

选　项	描　　述
-p	递归删除目录，当子目录删除后，其父目录为空时，父子目录一同被删除
-v	打印删除过程

删除 kylinos 空目录，代码如下：

```
[root@kylinos-PC:~/ 桌面 ] # rmdir kylinos
```

```
[root@kylinos-PC:~/ 桌面 ] # rmdir -v kylinos1
rmdir: 正在删除目录, 'kylinos1'
```

删除 kylinos1，打印删除信息，代码如下：

```
[root@kylinos-PC:~/ 桌面 ] # rmdir -pv kylinos2/{a,b,c,d}
rmdir: 正在删除目录, 'kylinos2/a'
rmdir: 正在删除目录, 'kylinos2'
rmdir: 删除目录 'kylinos2' 失败：目录非空
rmdir: 正在删除目录, 'kylinos2/b'
rmdir: 正在删除目录, 'kylinos2'
rmdir: 删除目录 'kylinos2' 失败：目录非空
rmdir: 正在删除目录, 'kylinos2/c'
rmdir: 正在删除目录, 'kylinos2'
```

```
rmdir: 删除目录 'kylinos2' 失败：目录非空
rmdir: 正在删除目录, 'kylinos2/d'
rmdir: 正在删除目录, 'kylinos2'
```

结果删除了 kylinos2 下的 a、b、c、d 目录。

在每次删除一个子目录后，都会试着删除父目录，但是因为父目录不为空，所以显示失败，直到最后一个子目录删除完成，才把父目录删除。这验证了 -p 命令选项的作用。

5.1.3 显示目录

ls 命令用于显示目录下的文件或子目录信息。

ls 命令的语法如下：

```
ls [选项] [目录名称]
```

ls 命令选项如表 5-3 所示。

表 5-3　ls 命令选项

选项	描述
-a	显示所有文件及目录（以 . 开头的隐藏文件）
-l	除文件名称外，还将文件权限、拥有者、大小等信息详细列出
-r	将文件以反序显示（原定依英文字母次序）
-t	将文件以建立时间的先后次序列出
-h	将文件大小以 KB、MB、GB 等容量单位列出
-A	同 -a，但不列出 "."（目前目录）及 ".."（父目录）
-F	在列出的文件名称后加一个符号，例如，目录加 "/"，链接加 "@"
-R	如果目录下有子目录，则递归显示子文件目录内容

显示主目录下的内容，代码如下：

```
[root@kylinos-PC:~] # ls
公共的  模板  视频  图片  文档  下载  音乐  桌面
```

显示 /opt 目录下内容的详细信息，代码如下：

```
[root@kylinos-PC:~] # ls -l /opt
总用量 48
drwxr-xr-x  4 root root 4096 2月   3  15:16 aurora
drwxr-xr-x 11 root root 4096 2月   3  15:16 brother
drwxr-xr-x  7 root root 4096 2月   3  15:15 browser360
drwx--x--x  4 root root 4096 3月   4  19:46 containerd
```

```
drwxr-xr-x  5 root root 4096 2 月   3  15:16 kingsoft
drwxr-xr-x  3 root root 4096 2 月   3  15:07 kylin-camera
drwxr-xr-x  3 root root 4096 2 月   3  15:07 kylin-log-viewer
drwxr-xr-x 15 root root 4096 4 月  12 17:17 qaxsafe
drwxr-xr-x  3 root root 4096 2 月   3  15:06 qianxin.com
drwxrwxr-x  2 root root 4096 11 月  1  2017 security
drwxr-xr-x  3 root root 4096 2 月   3  15:08 sogouimebs
drwxr-xr-x  3 root root 4096 2 月   3  15:16 START
```

5.1.4　切换目录

cd 命令用于进入目录。

如果希望能准确地定位到目录，并能进入该目录，目录的路径一定要正确，在银河麒麟高级服务器操作系统 V10 中，路径分为绝对路径与相对路径。

•绝对路径：绝对路径的写法是以根目录（/）为起点开始写起的，不管当前在哪个目录，都会准确到达目的目录。根目录是整个存储的边界，也是系统目录的起点。

•相对路径：相对路径的写法是以当前用户所在的目录路径为参照物写起的，不以根目录为起点，用户需要参照当前目录路径才能准确到达想去的目录。

例如，你和朋友在同一栋楼，你朋友在四层，而你在五层，如果你的朋友询问你的位置。你就有如下两种回答方式：

（1）绝对路径的方式：你告诉对方你在中国北京市海淀区中关村 × × 小区的 × × 号楼的五层。

（2）相对路径的方式：因为在同一栋楼，参照物可以设为你们所在的大楼，你告诉对方你在五层。

至于优缺点，没有绝对的答案，不同情况使用不同的路径罢了，两种路径的出现只是因为参照物不同而已。

进入 /opt 目录，代码如下：

```
[root@kylinos-PC:~]# pwd        # 使用 pwd 定位当前目录
/home/kylinos
[root@kylinos-PC:~]# cd /opt    # 进入 /opt 目录
[root@kylinos-PC:/opt]# pwd     # 再次定位当前目录
/opt
```

cd 命令选项如表 5-4 所示。

表 5-4　cd 命令选项

命　　令	描　　述
cd .	进入当前目录，. 在 shell 中代表当前目录
cd ..	返回上一级目录，.. 在 shell 中代表上一级目录
cd ~	进入家目录，~ 在 shell 中代表家目录
cd -	返回上一次目录

5.2　文件管理

日常工作中，如果想将一些数据存入计算机中，存储的方式是将数据存到文件中。文件就是数据存储的一个载体，对文件的常见操作有如下几种：

（1）创建文件。

（2）文件存储。

（3）删除文件。

（4）查看文件。

5.2.1　创建文件

touch 命令用于创建文件、改变文件时间戳信息。

touch 命令的语法如下：

```
touch [选项] 文件名
```

touch 命令选项如表 5-5 所示。

表 5-5　touch 命令选项

选　　项	描　　述
-a	改变档案的读取时间记录
-m	改变档案的修改时间记录
-c	如果目的档案不存在，不会建立新的档案。与 --no-create 的效果一样
-f	不使用，是为了与其他 UNIX 系统的相容性而保留
-r	使用参考档的时间记录，与 --file 的效果一样
-d	设定时间与日期，可以使用各种不同的格式
-t	设定档案的时间记录，格式与 date 指令相同
--version	列出版本信息

touch 命令在应用中一般有如下两种应用需求：

（1）用来创建新的空文件。

（2）用于把已存在文件的时间标签更新为系统当前的时间（默认方式），它们的数据将原封不动地保留下来。

使用 touch 命令创建一个文件，代码如下：

```
[root@kylinos-PC:~] # touch kylinos_file
```

使用 touch 命令创建多个文件，多个文件以空格隔开，代码如下：

```
[root@kylinos-PC:~] # touch kylinos_filea kylinos_fileb  kylinos_filec
```

使用 touch 命令创建一个范围的文件，使用 {} 匹配一个范围，代码如下：

```
[root@kylinos-PC:~] # touch kylinos_file{1..10}
```

5.2.2　文件存储

假如有一个用户在系统中编辑了一个文件，编辑完内容后，关闭编辑器时系统会询问用户如何命名这个文件，设置完名称之后会选择一个目录，将该文件保存到指定目录下。在这个例子中包含了系统中与文件相关的 3 个组成部分：数据、元数据、文件名。

（1）数据：就是文件的内容，保存在一个名为 data（数据块）的结构中。

（2）元数据：保存一个文件的特征的系统数据，用来保存除文件内容和文件名外的与文件相关的信息，如文件的创建者、日期、大小等，保存在一个名为 inode（i 节点）的结构中。

元数据中有 3 个时间用来记录文件的状态，分别是访问时间（atime）、创建时间（ctime）、修改时间（mtime），如表 5-6 所示。

表 5-6　元数据中的 3 个时间

时 间 项	描　　述
atime	文件数据每次被阅读后的更新
ctime	文件的 i- 节点信息每次被改变后都更新
mtime	文件数据每次被改变后的更新

（3）文件名：用来保存文件名称，文件名保存在一个名为 dentry（目录项）的结构中。

1. stat 命令

stat 命令用于显示文件的状态信息。

stat 命令的语法如下：

```
stat [选项] [参数]
```

stat 命令选项如表 5-7 所示。

表 5-7　stat 命令选项

选　项	描　述
-L	支持符号链接
-f	显示文件系统状态而非文件状态
-t	以简洁方式输出信息

使用 stat 命令查看文件 kylinos_file 的时间，代码如下：

```
[root@kylinos-PC:~] # stat kylinos_file
  文件: kylinos_file
  大小: 0              块: 0           IO 块: 4096    普通空文件
设备: fd00h/64768d    Inode: 34842589    硬链接: 1
权限: (0600/-rw-------)  Uid: (    0/   root)  Gid: (    0/    root)
最近访问: 2022-02-04 18:02:04.999582163 +0800    #atime
最近更改: 2022-02-04 18:02:04.999582163 +0800    #mtime
最近改动: 2022-02-04 18:02:04.999582163 +0800
创建时间: 2022-02-04 18:02:04.999582163 +0800    #ctime
```

修改文件的访问时间（atime），代码如下：

```
[root@kylinos-PC:~] # touch -a kylinos_file
[root@kylinos-PC:~] # stat kylinos_file
  文件: kylinos_file
  大小: 0              块: 0           IO 块: 4096    普通空文件
设备: fd00h/64768d    Inode: 34842589    硬链接: 1
权限: (0600/-rw-------)  Uid: (    0/   root)  Gid: (    0/    root)
最近访问: 2022-02-04 18:12:25.045823895 +0800
最近更改: 2022-02-04 18:02:04.999582163 +0800
最近改动: 2022-02-04 18:12:25.045823895 +0800
创建时间: 2022-02-04 18:02:04.999582163 +0800
```

修改文件的修改时间（mtime），代码如下：

```
[root@kylinos-PC:~] #  touch -m kylinos_file
[root@kylinos-PC:~] #  stat kylinos_file
  文件: kylinos_file
  大小: 0              块: 0           IO 块: 4096    普通空文件
设备: fd00h/64768d    Inode: 34842589    硬链接: 1
```

```
权限: (0600/-rw-------)  Uid: (    0/    root)  Gid: (    0/    root)
最近访问: 2022-02-04 18:12:25.045823895 +0800
最近更改: 2022-02-04 18:13:28.578837996 +0800
最近改动: 2022-02-04 18:13:28.578837996 +0800
创建时间: 2022-02-04 18:02:04.999582163 +0800
```

5.2.3　删除文件

rm 命令用于删除文件。

rm 命令的语法如下:

```
rm [选项] 文件名
```

rm 命令选项如表 5-8 所示。

表 5-8　rm 命令选项

选　　项	描　　　　述
-f	不询问, 直接删除
-r	递归删除, 适用于不为空的目录删除

使用 rm 命令删除 kylinos_file 文件, 代码如下:

```
[root@kylinos-PC:~] # rm kylinos_file
rm: 是否删除普通空文件 'kylinos_file'? y    #询问是否真的要删除
```

使用 rm 命令, 将不询问, 直接删除 kylinos_file1 文件, 代码如下:

```
[root@kylinos-PC:~] # rm -f kylinos_file1
```

使用 rm 命令删除一个不为空的目录, 代码如下:

```
[root@kylinos-PC:~] # mkdir -pv /a/b/c
mkdir: 已创建目录 '/a'
mkdir: 已创建目录 '/a/b'
mkdir: 已创建目录 '/a/b/c'
root@kylinos-PC:~$ rm -rf a
```

5.2.4　查看文件

cat 命令用于显示文件内容, 打印到屏幕。

cat 命令的语法如下:

```
cat [选项] 文件名
```

cat 命令选项如表 5-9 所示。

表 5-9　cat 命令选项

选项	描述
-n	对所有输出的行进行数字编号
-b	和 -n 相似，只不过对于空白行不编号
-s	当遇到有连续两行以上的空白行时，就代换为一行的空白行
-v	使用 ^ 和 M- 符号，除 LFD 和 TAB 外
-E	在每行结束处显示 $
-T	将 TAB 字符显示为 ^I
-A	等价于 -vET
-e	等价于 "-vE" 选项
-t	等价于 "-vT" 选项

使用 cat 命令打印 /etc/passwd 文件内容，代码如下：

```
[root@kylinos-PC:~] # cat /etc/passwd

root:x:0:0:root:/root:/bin/bash

daemon:x:1:1:daemon:/usr/sbin:/usr/sbin/nologin

bin:x:2:2:bin:/bin:/usr/sbin/nologin

sys:x:3:3:sys:/dev:/usr/sbin/nologin

sync:x:4:65534:sync:/bin:/bin/sync

.........
```

5.3　其他管理

文件或目录的管理其实就是 4 个操作：增加、删除、修改、查看，除此之外，还需要对目录和文件进行复制、移动、重命名操作，下面进行介绍。

5.3.1　复制

cp 命令用于复制文件或目录。

cp 命令的语法如下：

cp [选项][源文件或目录][目标文件或目录][目标目录]

其中，[目标目录] 必须是一个有效目录路径。

cp 命令选项如表 5-10 所示。

表 5-10　cp 命令选项

选　　项	描　　述
-a	此选项通常在复制目录时使用，它保留链接、文件属性，并复制目录下的所有内容。其作用等于 dpr 参数组合
-d	复制时保留链接
-f	覆盖已经存在的目标文件而不给出提示
-i	与 -f 选项相反，在覆盖目标文件之前给出提示，要求用户确认是否覆盖，回答"y"时目标文件将被覆盖
-p	除复制文件的内容外，还把修改时间和访问权限也复制到新文件中
-r	若给出的源文件是一个目录文件，则将复制该目录下所有的子目录和文件

使用 cp 命令复制文件 /etc/passwd 到 /opt 目录，代码如下：

```
[root@kylinos-PC:~] # cp /etc/passwd /opt
```

使用 cp 命令复制目录 /usr/share/kysec-data 到 /opt 目录，代码如下：

```
[root@kylinos-PC:~] # cp -r /usr/share/kysec-data /opt/
```

5.3.2　重命名和移动

mv 命令用于文件或目录重命名。

mv 命令的语法如下：

mv［选项］源文件或目录　目标文件或目录

使用 mv 命令将 /opt/passwd 文件名称重命名为 /opt/passwd_backup，代码如下：

```
[root@kylinos-PC:~]# mv /opt/passwd /opt/passwd_backup
```

注意：新名字不能是一个现有目录的名字，否则就成移动了。

使用 mv 命令将 /opt/passwd_backup 文件移动到 /tmp 目录，代码如下：

```
[root@kylinos-PC:~]# mv /opt/passwd_backup /tmp/
```

5.3.3　链接文件

日常工作中，常有一个文件在本机硬盘的不同位置都需要使用的场景，解决的方法是复制多份来进行存储，这种方法能够解决不同位置存放多份的问题。但是随之又带来了如下问题：①文件内容不同步。把 A 位置的文件内容改了，处在 B、C 位置的该文件内容并没有发生变化，久而久之都不知道存在哪个位置的文件是最新的文件了。②硬盘空间浪费。

上述问题可以通过文件链接的方式解决，类似于 Windows 操作系统中的快捷方式。这样，不仅可以解决文件内容不同步的问题（因为不管在哪个位置，打开的都是同一文件），也解决了磁盘空间浪费的问题（实际上硬盘上只是存储了一份）。

链接文件可分为两种：硬链接（Hard Link）与软链接（Symbolic Link）。硬链接的意思是一个文件可以有多个名称；而软链接的方式则是产生一个特殊的文件，该文件的内容是指向另一个文件的位置。硬链接存在同一个文件系统中，而软链接可以跨越不同的文件系统。

1. 软链接与硬链接

硬链接和软链接都不会将原本的文件复制一份，仅占用少量的磁盘空间。

1）软链接

- 软链接以路径的形式存在，类似于 Windows 操作系统中的快捷方式。
- 软链接可以跨文件系统，硬链接不可以。
- 软链接可以对一个不存在的文件名进行链接。
- 软链接可以对目录进行链接。

2）硬链接

- 硬链接以文件副本的形式存在，但不占用实际磁盘空间。
- 不允许给目录创建硬链接。
- 硬链接只有在同一个文件系统中才能创建。
- 硬链接文件和源文件拥有相同的 i 节点，删除硬链接文件存在源文件打不开的风险。

2. ln 命令

ln 命令用于创建链接文件。

ln 命令的语法如下：

```
ln [选项] 源文件 目标文件
```

ln 命令选项如表 5-11 所示。

表 5-11　ln 命令选项

命令选项	描　　述
-b	删除，覆盖以前建立的链接
-f	强制执行
-i	交互模式，如果文件存在，则提示用户是否覆盖
-n	把符号链接视为一般目录
-s	软链接（符号链接）
-v	显示详细的处理过程

使用 ln 命令为 /etc/hostname 文件创建一个软链接文件，路径为 /opt/hostname，代码如下：

```
[root@kylinos-PC:~] # ln -s /etc/hostname /opt/
```

使用 ln 命令为 /etc/hostname 文件创建一个硬链接文件，路径为 /opt/hostname1，代码如下：

```
[root@kylinos-PC:~] # ln /etc/hostname /opt/hostname1
```

硬链接文件拥有相同的 i 节点号，代码如下：

```
[root@kylinos-PC:~] # ls -i /opt/hostname1 /etc/hostname
261538 /etc/hostname  261538 /opt/hostname1
```

使用 ln 命令为 /usr/share/kysec-data 目录创建桌面软链接，代码如下：

```
[root@kylinos-PC:~] # ln -s /usr/share/kysec-data ~/桌面/
```

第6章 权限管理

6.1 文件权限

在银河麒麟高级服务器操作系统中，每个文件都有所属的拥有者（即属主）和所属组（即属组），而且定义了文件的属主者、属组，以及其他用户对文件所具有的读（r）、写（w）、执行（x）等权限。

6.1.1 字符表示

文件的读、写、执行权限英文全称分别是 read、write、execute，可简写为 r、w、x。对于普通文件来说，"可读"表明可以读取文件的内容；"可写"表明可以新增、修改、删除文件；"可执行"表明可以运行一个脚本程序。对于目录文件来说，"可读"表明可以读取目录内的文件列表；"可写"表明可以在目录内新增、删除、重命名文件；"可执行"表明可以进入该目录。文件、目录被设置权限后，被执行命令的差异如表 6-1 所示。

表 6-1　字符权限

	文 件	目 录
读（r）	cat	ls
写（w）	vim	touch
执行（x）	./script	cd

6.1.2 数字表示

读、写、执行权限也可用数字 4、2、1 来表示。文件所属者、所属组及其他用户权限之间无相关，如表 6-2 所示。

表 6-2　文件权限的字符与数字表示

权限项	读	写	执行	读	写	执行	读	写	执行
字符表示	r	w	x	r	w	x	r	w	x
数字表示	4	2	1	4	2	1	4	2	1
权限分配	文件所属者			文件所属组			其他用户		

文件权限的数字表示依据字符（rwx）的权限核算而来，其目的是简化权限的表示办法。例如，某个文件的权限为 7，代表可读、可写、可执行（4+2+1）；权限为 6 代表可读、可写（4+2）。假如有这样一个文件，其拥有者具有可读、可写、可执行的权限，其文件所属组具有可读、可写的权限；其他用户只需可读的权限，这个文件的权限就是 rwxrw-r--，数字表示即为 764。

以 rw-r-x-w- 权限为例，要想转换成数字表示，首先要进行各个位之上的数字代替，如图 6-1 所示。

图 6-1 字符表示与数字表示

短横线是占位符，代表该位没有权限，也就是说，rw- 转化后是 420，r-x 转化后是 401，-w- 转化后是 020，3 组数字之间每组数字进行相加后得出 652 就是转化后的数字表示。

如图 6-2 所示，此文件信息包括文件类型、访问权限、拥有者（属主）、所属组（属组）、占用的磁盘大小、最终修改时间和文件名称等信息。经过剖析可知，该文件的类型为普通文件，拥有者权限为可读、可写（rw-），所属组权限为可读（r--），除此以外的其他用户只有可读权限（r--），文件占用磁盘大小是 34298B，最近一次的修改时刻为 4 月 2日的 0 点 23 分，文件的名称为 install.log。

图 6-2 文件信息

排在权限前面的短横线（-）是文件类型。虽然在银河麒麟高级服务器操作系统中一切都是文件，但是不同的文件类型，其文件功能也各不相同，这类似于 Windows 操作系统中的扩展名。常见的文件类型有普通文件（-）、目录文件（d）、链接文件（l）、管道文件（p）、块设备文件（b）、字符设备文件（c）。

普通文件的规模特别广泛，如纯文本信息、硬件设备信息、日志信息、shell 脚本等，几乎在每个目录下都能看到普通文件（-）和目录文件（d）的身影。块设备文件（b）和字符设备文件（c）一般是指硬件设备，如鼠标、键盘、光驱、硬盘等，在 /dev/ 目录中最为常见。

6.2 特殊权限

在复杂多变的生产环境中，仅设置文件的 rwx 权限无法满足对安全和灵活性的需求，因而便有了 SUID、SGID 与 SBIT 的特殊权限位。这是一种对文件权限进行设置的特别功用，能够与一般权限一起运用，以补偿一般权限不能实现的功用。

下面详细说明这 3 个特殊权限位的功用和用法。

6.2.1 SUID

SUID 是一种对二进制程序进行设置的特殊权限，可以让二进制程序的执行者暂时具有属主的权限（仅对具有执行权限的二进制程序有用）。

一切用户都可以执行 passwd 命令来修改自己的用户密码，用户密码保存在 /etc/shadow 文件中。细心检查这个文件就会发现，它的默认权限是 000，也就是说，除 root 管理员以外，一切用户都没有检查或修改该文件的权限。如果在运行 passwd 命令时加上 SUID 特殊权限位，就可以让普通用户在执行该程序时暂时取得程序属主的身份，把改变的密码信息写入到 shadow 文件中。

检查 passwd 命令时发现拥有者的权限由 rwx 变成了 rws，其中 x 改变成 s，代表该文件被赋予了 SUID 权限。假如原先权限位上没有 x 权限，那么被赋予特殊权限后将变成大写的 S。

```
[root@kylinos ~]# ls -l /etc/shadow
---------- 1 root root 1244  9月 29 00:24 /etc/shadow
[root@kylinos ~]# ls -l /bin/passwd
-rwsr-xr-x 1 root root 30968  3月 24  2020 /bin/passwd
```

6.2.2 SGID

SGID 特殊权限有两种使用场景：第一种场景是对二进制程序进行设置时，可以让执行者暂时获取文件所属组的权限；第二种场景是对目录进行设置时，让目录内新创建的子文件主动继承该父目录原所属组。

第一种功用是参阅 SUID 而规划的，不同点在于执行程序的用户获取的不再是文件属主的暂时权限，而是获取文件所属组的权限。

例如 ps 命令，除 root 管理员或归于 system 组成员外，其他用户都没有读取该文件的权限。在检查系统的进程状况时，为了能够让其他用户在执行 ps 命令时获取进程的状况信息，可在 ps 命令文件上添加 SGID 特殊权限位。查看 ps 命令的文件信息，代码如下：

```
-r-xr-sr-x   1 bin system 59346 Feb 11 2017  ps
```

这样一来，因为 ps 命令被增加了 SGID 特殊权限位，所以，当其他用户执行该命令时，就暂时获取了 system 用户组的权限，从而顺畅地读取到了进程信息。

第二种功用是每个文件都有其归属的属主和所属组，当在目录中创建一个子文件后，这个子文件就会主动继承其父目录的所属组信息。

假设需要在一个组内设置共享目录，让组内的一切人员都能够读取目录中的内容，就可以创建组内共享目录后，在该目录上设置 SGID 特殊权限位。这样，组内的任何人员在该目录中创建的任何子文件都会归属于该目录的所属组，而不再是子文件的创建者所属组。这时，用到的便是 SGID 的第二个功用，即在某个目录中创建的子文件主动继承该目录的所属组（只可以对目录进行设置），举例如下：

```
[root@kylinos ~]# cd /tmp
[root@kylinos tmp]# mkdir testdir
[root@kylinos tmp]# ls -ald testdir/
drwxr-xr-x 2 root root 40  9月 29 13:57 testdir/
[root@kylinos tmp]# chmod -R 777 testdir/
[root@kylinos tmp]# chmod -R g+s testdir/
[root@kylinos tmp]# ls -ald testdir/
drwxrwsrwx 2 root root 40  9月 29 13:57 testdir/
```

创建目录 testdir，并设置其权限为 777 权限（保证普通用户都能够向其写入文件），并为该目录设置了 SGID 特殊权限位后，就可以切换至一个普通用户 kylinos，以 kylinos 用户身份在该目录中创建文件 test，并检查新创建的文件是否会继承父目录所属组信息，代码如下：

```
[root@kylinos tmp]# su - kylinos
[kylinos@kylinos ~]$ cd /tmp/testdir/
[kylinos@kylinos testdir]$ echo "kylinos.com" > test
[kylinos@kylinos testdir]$ ls -al test
-rw-rw-r-- 1 kylinos root 11  9月 29 13:59 test
```

下面再介绍两个与本节内容相关的命令：chmod 和 chown。

（1）chmod 命令用于设置文件的一般权限及特殊权限，其英文全称为 change mode，命令格式为"chmod [选项] 权限符号文件名"。

chmod 是一个与日常设置文件权限强相关的命令，例如，要把一个文件的权限设置成其属主可读可写可执行、属组可读可写、其他用户没有一点权限，则相应的字符表示为 rwxrw----，其对应的数字表示为 760，代码如下：

```
[root@kylinos ~]# ls -l anaconda-ks.cfg
-rw------- 1 root root 2884  8月12 07:08 anaconda-ks.cfg
[root@kylinos ~]# chmod 760 anaconda-ks.cfg
[root@kylinos ~]# ls -l anaconda-ks.cfg
-rwxrw---- 1 root root 2884  8月12 07:08 anaconda-ks.cfg
```

（2）chown 命令用于设置文件的拥有者和所属组，其英文全称为 change own，命令格式为 "chown [选项] [属主]:[属组] 文件名"。

chmod 和 chown 命令是用于修改文件特点和权限的最常用命令，它们还有一个特别的共性——针对目录做相关操作时需求加上大写参数 -R 来表明递归操作，即对目录内一切文件进行全体操作。

例如，通过 chown 命令修改 anaconda-ks.cfg 文件的属主与属组信息，代码如下：

```
[root@kylinos ~]# chown kylinos:kylinos anaconda-ks.cfg
[root@kylinos ~]# ls -l anaconda-ks.cfg
-rwxrw---- 1 kylinos kylinos 2884  8月12 07:08 anaconda-ks.cfg
```

6.2.3　SBIT

SBIT 特殊权限可保证用户只能删除自己的文件，而不能删除其他用户的文件。换句话说，当对某个目录设置了 SBIT 特殊权限后，该目录中的子文件就只能被 root 或其属主执行删除操作。

与前面所讲的 SUID 和 SGID 权限不同，当目录被设置 SBIT 特殊权限后，文件的其他用户权限部分的 x 权限就会被替换成 t 或 T，本来有 x 权限则会变成 t，本来没有 x 权限则会被写成 T。

例如，/tmp 目录上的 SBIT 权限默认现已存在，在 "其他用户" 权限位的权限变为 rwt，代码如下：

```
[root@kylinos ~]# ls -ald /tmp
drwxrwxrwt. 17 root root 4096 Oct 28 00:29 /tmp
```

其实，文件能否被删除并不取决于本身的权限，而是看其父目录是否有写入权限。接下来举一个简单的例子，下面的命令仍是赋予了这个 test 文件最大的（rwxrwxrwx）。

```
[root@kylinos ~]# cd /tmp
[root@kylinos tmp]# echo "Welcome to kylinos.com" > test
[root@kylinos tmp]# chmod 777 test
[root@kylinos tmp]# ls -al test
-rwxrwxrwx. 1 root root 26 Oct 29 14:29 test
```

随后，切换到一个普通用户身份 kylios，使读、写、执行权限全开，但是因为 SBIT 特殊权限位的原因，仍然无法删除该文件，代码如下：

```
[root@kylinos tmp]# su - kylinos
[kylinos@kylinos ~]$ cd /tmp
[kylinos@kylinos tmp]$ rm -f test
rm: cannot remove 'test': Operation not permitted
```

工作中对特殊权限善加运用，可以完成许多奇妙的功用。SUID、SGID、SBIT 特殊权限的设置参数如表 6-3 所示。

表 6-3　SUID、SGID、SBIT 特殊权限的设置参数

参　　数	效　　果	参　　数	效　　果
u+s	设置 SUID 权限	g-s	撤销 SGID 权限
u-s	撤销 SUID 权限	o+t	设置 SBIT 权限
g+s	设置 SGID 权限	o-t	撤销 SBIT 权限

切换回 root 管理员身份，在家目录中创建一个名为 kylinos 的新目录，随后设置上 SBIT 权限，代码如下：

```
[kylinos@kylinos tmp]# exit
Logout
[root@kylinos tmp]# cd ~
[root@kylinos ~]# mkdir kylinos
[root@kylinos ~]# chmod -R o+t kylinos/
[root@kylinos ~]# ls -ld kylinos/
drwxr-xr-t. 2 root root 6 Feb 11 19:34 kylinos/
```

6.3　隐藏权限

文件除了具有一般权限和特殊权限，还有一种隐藏权限，默认状况下不能直接被用户发现。有用户曾经在生产环境中遇到过权限足够但无法删除某个文件的情况，或者仅能在

日志文件中追加内容而不能修改或删除内容，这在一定程度上保护了文件被恶意篡改的情况，这就是文件的隐藏权限。

设置文件隐藏权限的命令是 chattr，查看文件隐藏权限的命令是 lsattr。

6.3.1　chattr 命令

chattr 命令用于设置文件的隐藏权限，其英文全称为 change attributes，命令语法为"chattr [参数] 文件名称"。

要想把某个隐藏功能添加到文件上，需在命令后边追加"+ 参数"，假如想把某个隐藏功能移出文件，则需追加"- 参数"。chattr 命令中的参数及效果如表 6-4 所示。

表 6-4　chattr 命令中的参数及效果

选　　项	效　　果
i	无法对文件进行修改；若对目录设置了该参数，则仅能修改其中的子文件内容而不能新建或删除文件
a	仅允许补充（追加）内容，无法覆盖 / 删除内容（Append Only）
S	文件内容在改变后立即同步到硬盘（sync）
s	完全从硬盘中删除，不可恢复（用 0 填充原文件地点硬盘区域）
A	不再修改这个文件或目录的最终访问时刻（atime）
b	不再修改文件或目录的存取时刻
D	查看压缩文件中的报错
d	运用 dump 命令备份时疏忽本文件 / 目录
c	默许将文件或目录进行压缩
u	当删除该文件后仍然保存其在硬盘中的数据，以便日后恢复
x	能够直接访问压缩文件中的内容

创建一个普通文件，然后测验删除，代码如下：

```
[root@kylinos ~]# echo "for Test" > kylinos
[root@kylinos ~]# rm kylinos
rm: remove regular file 'kylinos'? y
```

接下来再次新建一个普通文件，并为其设置不允许删除与覆盖（+a 参数）权限，然后测验将这个文件删除，代码如下：

```
[root@kylinos ~]# echo "for Test" > kylinos
[root@kylinos ~]# chattr +a kylinos
[root@kylinos ~]# rm kylinos
rm: remove regular file 'kylinos'? y
rm: cannot remove 'kylinos': Operation not permitted
```

可见，上述操作失败了。

6.3.2　lsattr 命令

lsattr 命令用于查看文件的隐藏权限。lsattr 的英文全称为 list attributes，命令语法为
"lsattr [参数] 文件名称"。

文件的隐藏权限用 lsattr 命令来查看，平常运用的 ls 之类的命令则看不出端倪，代码
如下：

```
[root@kylinos ~]# ls -al kylinos
-rw-r--r--. 1 root root 9 Feb 12 11:42 kylinos
```

运用 lsattr 命令后，文件被赋予的隐藏权限显示，代码如下：

```
[root@kylinos ~]# lsattr kylinos
-----a---------- kylinos
```

删除已有隐藏权限，运用 chattr -a 命令将其去掉，代码如下：

```
[root@kylinos ~]# chattr -a kylinos
[root@kylinos ~]# lsattr kylinos
---------------- kylinos
[root@kylinos ~]# rm kylinos
rm: remove regular file 'kylino'? y
```

一般会将 -a 参数设置到日志文件（/var/log/messages）上，这样在不影响系统正常写入
日志的前提下，能够有效防止文件被恶意篡改。如果想完全保护某个文件，不允许任何人
修改和删除它的话，可以加上 i 参数试试。

6.4　访问控制权限

对某个指定的用户进行专属的权限设置，就需要用到文件的访问控制列表（File Access
Control Lists，FACL）来设置访问控制权限（即 ACL 权限）。根据普通文件或目录设置
ACL 访问控制权限的意思是针对指定的用户或用户组精准设置该用户或用户组对某个文件
或目录的访问控制权限。因此，假如针对某个目录设置了 ACL，则目录中的文件会承继其
权限；若针对文件设置了 ACL，则文件不再承继其父目录的权限。

为了更直观地看到 ACL 对文件访问控制权限的作用，首先切换到普通用户，然后测验
进入 root 管理员的家目录中。在没有针对普通用户对 root 管理员的家目录设置 ACL 之前，

普通用户没有权限进入到 root 主目录。其执行效果如下：

```
[root@kylinos ~]# su - kylinos

[kylinos@kylinos ~]$ cd /root

-bash: cd: /root: Permission denied

[kylinos@kylinos root]$ exit
```

6.4.1　setfacl 命令

setfacl 命令用于管理文件的 ACL 权限规定，其英文全称为 set files ACL，命令语法为"setfacl [参数] 文件名称"。

ACL 权限针对属主、属组、其他用户的读 / 写 / 执行权限之外的特殊权限进行管理，运用 setfacl 命令可以针对单一用户或用户组、单一文件或目录来进行读 / 写 / 执行权限的管理。针对目录文件需要用 -R 选项；针对普通文件则运用 -m 选项；假如想要删除某个文件的 ACL，则可以正常运用 -b 选项。setfacl 命令中的选项及效果如表 6-5 所示。

表 6-5　setfacl 命令中的参数及效果

参　数	效　果	参　数	效　果
-m	修改权限	-b	删除所有权限
-M	从文件中读取权限	-R	递归子目录
-x	删除某个权限		

例如，原本是无法进入到 /root 目录中的，现在针对 kylinos 普通用户设置如下 ACL 权限：

```
[root@kylinos ~]# setfacl -Rm u:kylinos:rwx /root
```

随后切换到 kylinos 用户的身份，就能正常进入了，代码如下：

```
[root@kylinos ~]# su - kylinos

[kylinos@kylinos ~]$ cd /root

[kylinos@kylinos root]$ ls

anaconda-ks.cfg  Documents  initial-setup-ks.cfg  Pictures  Templates

Desktop          Downloads  Music                 Public    Videos

[kylinos@kylinos root]$ exit
```

怎样查看文件上有哪些 ACL 权限？常用的 ls 命令看不到 ACL 权限信息，但可以正常看到文件的权限从一个点（.）变成了加号（+），这就代表着该文件现在已设置 ACL 权限，代码如下：

```
[root@kylinos ~]# ls -ld /root
dr-xrwx---+ 14 root root 4096 May 4 2020 /root
```

6.4.2 getfacl 命令

getfacl 命令用于查看文件的 ACL 权限。getfacl 的英文全称为 get files ACL，命令语法为 "getfacl [选项] 文件名称"。

下面运用 getfacl 命令查看在 root 管理员主目录上设置的一切 ACL 权限信息，代码如下：

```
[root@kylinos ~]# getfacl /root
getfacl: Removing leading '/' from absolute path names
# file: root
# owner: root
# group: root
user::r-x
user:kylinos:rwx
group::r-x
mask::rwx
other::---
```

ACL 权限还能针对某个用户组来设置，例如，设置 kylinos 组的用户都能读写 /etc/fstab 个文件，代码如下：

```
[root@kylinos ~]# setfacl -m g:kylinos:rw /etc/fstab
[root@kylinos ~]# getfacl /etc/fstab
getfacl: Removing leading '/' from absolute path names
# file: etc/fstab
# owner: root
# group: root
user::rw-
group::r--
group:kylinos:rw-
mask::rw-
other::r--
```

清空一切 ACL 权限用 -b 选项，指定删除某一条权限用 -x 选项，代码如下：

```
[root@kylinos ~]# setfacl -x g:kylinos /etc/fstab
[root@kylinos ~]# getfacl /etc/fstab
getfacl: Removing leading '/' from absolute path names
# file: etc/fstab
# owner: root
# group: root
user::rw-
group::r--
mask::r--
other::r--
```

第 **7** 章

文本编辑器

文本编辑软件在任何操作系统上都是必备的软件。Linux 操作系统拥有非常丰富且现代化的编辑软件，其中大部分是基于 GUI（图形用户界面）的编辑软件。当使用命令行工作时，就需要一个可以在命令终端运行的文本编辑器。

7.1 文本编辑器简介

基于银河麒麟高级服务器操作系统常见的文本编辑器有 Vim 编辑器、GNU Emacs 编辑器、Nano 编辑器、NE 编辑器等，本章重点讲解 Vim 文本编辑器的使用方法。

7.1.1 Vim 编辑器

Vim 是一个高度可配置的、跨平台的、高效率的文本编辑器，几乎所有的 Linux 发行版本都内置了 Vim。

Vim 的发布最早可以追溯到 1991 年。Vim 的英文全称为 Vi Improved，也就是对 Vi 编辑器的提升版本，其中最大的改进就是对代码的着色功能，有些编程场景能够自动修正错误代码。当第一次使用 Vim 编辑一个文本文件时，可能是非常困惑的，或许不能用 Vim 输入一个字母，甚至不知道该怎么关闭它，所以，如果准备使用 Vim，需要有决心跨过一个陡峭的学习路线。一旦经历过这些，通过梳理一些文档，记住它的命令和快捷键，会发现这段学习经历是非常值得的。可以将 Vim 按照意愿进行改造，如配置一个看起来舒服的界面，通过使用脚本或者插件等来提高工作效率。Vim 支持格式高亮、宏记录和操作记录。

在 Vim 官网上是这样介绍 Vim 的：如何使用它完全取决于使用者。可以仅仅将它作为文本编辑器，也可以将它打造成一个完善的 IDE（Integrated Development Environment，集成开发环境）。

7.1.2 GNU Emacs

GNU Emacs 是非常强大的文本编辑器之一。

Emacs 是一个跨平台的，既有图形界面也有命令行界面的软件。它也拥有非常多的特性，更重要的是可扩展。

像 Vim 一样，Emacs 也需要经历一个陡峭的学习路线。但是一旦掌握了它，就能体会到它的强大。Emacs 可以处理几乎所有类型的文本文件，它的界面可以定制以适应工作流，也支持宏记录和快捷键。Emacs 独特的特性是可以"变形"成和文本编辑器完全不同的东西。有大量的模块可使 Emacs 在不同的场景下成为不同的应用，如计算器、新闻阅读器、文字处理器等，还可以在 Emacs 中玩游戏。

7.1.3　Nano

如果说到简易方便的软件，Nano就是一个。不像Vim和Emacs，Nano的学习曲线是平滑的。如果仅想创建和编辑一个文本文件，不想给自己找太多挑战，Nano是最适合的。

Nano 可用的快捷键都在用户界面的下方展示出来了，Nano 仅拥有最基础的文本编辑软件的功能。Nano 非常小巧，适合编辑系统配置文件。对于那些不需要复杂的命令行编辑功能的人来说，Nano 非常合适。

7.1.4　NE

The Nice Editor（NE）的官网是这样介绍的："如果有足够的资料，也有使用 Emacs 的耐心或使用 Vim 的良好心态，那么 NE 可能不适合。"

虽然 NE 拥有像 Vim 和 Emacs 一样多的高级功能，包括脚本和宏记录，但是它有更为直观的操作方式和平滑的学习路线。

7.2　工作模式

银河麒麟高级服务器操作系统内置 Vim 编辑器，设置了 3 种模式——命令模式、输入模式和末行模式，每种模式分别支持多种不同的命令快捷键，这大大提高了工作效率，而且用户在习惯之后也会觉得相当顺手。要想高效率地编辑文本，就必须先搞清这 3 种模式的区别，以及这 3 种模式之间的切换方法，如图 7-1 所示。

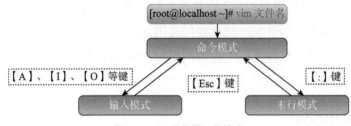

图 7-1　Vim 编辑器工作模式

- 命令模式：控制光标移动，可对文本进行复制、粘贴、删除和查找等操作。
- 输入模式：正常的文本录入。
- 末行模式：保存或退出文档，以及设置编辑环境。

7.2.1　命令模式

每次运行 Vim 编辑器时，默认进入命令模式，此时需要先切换到输入模式，然后进行文档编写。每次在编写完文档后需要先返回命令模式，然后进入末行模式，执行文档的保存或退出操作。在 Vim 中，无法直接从输入模式切换到末行模式。Vim 编辑器中内置的命令有成百上千种用法，表 7-1 所示为命令模式中常用的一些命令及其作用。

表 7-1　命令模式中常用的一些命令及其作用

命　令	作　用	命　令	作　用
G	跳到文件尾	dd	剪切当前行
numG	numG：移动光标到指定的行（num）（如 10G 就是到第 10 行）	yy	复制当前行
gg	到文件首	cc	剪切当前行并且进入插入模式
H	移动光标到屏幕上面	D	剪切从光标位置到行尾到剪贴板
M	移动光标到屏幕中间	x	剪切当前字符到剪贴板
L	移动光标到屏幕下面	ZZ	保存退出
*	读取光标处的字符串，并且移动光标到它再次出现的地方	u	撤销上一次操作
#	和上面的类似，但是往反方向寻找	.	重复上一次操作

7.2.2　输入模式

Vim 编辑器的输入模式即是进入到文本编辑状态，在此状态下可以完成文本文件的新增和修改。由命令模式跳转到输入模式经常使用命令 a、i、o，其基本作用如表 7-2 所示。

表 7-2　输入模式中的命令及其作用

命　令	作　用	命　令	作　用
i	在当前字符的左边插入	A	在当前行尾插入
I	在当前行首插入	o	在当前行下面插入一个新行
a	在当前字符的右边插入	O	在当前行上面插入一个新行

7.2.3　末行模式

末行模式主要用于保存或退出文件，以及设置 Vim 编辑器的工作环境，还可以让用户执行外部的命令或跳转到所编写文档的特定行数。要想切换到末行模式，在命令模式中输入一个冒号即可。末行模式中常用的命令及其作用如表 7-3 所示。

表 7-3　末行模式中常用的命令及其作用

命　令	作　用	命　令	作　用
:W	[文件路径] 保存当前文件	:set num / :set nonu	显示行号 / 不显示行号
:q	如果未对文件做改动，则退出	:s/one/two	将当前光标所在行的第一个 one 替换成 two
:q!	放弃存储名退出	:s/one/two/g	将当前光标所在行的所有 one 替换成 two
:wq/:x	保存退出	:%s/one/two/g	将全文中的所有 one 替换成 two
:e	该命令后跟文件名，表示打开另一个新文件并开始编辑	/ 字符串	在文本中从上至下搜索该字符串，必须使用回车来开始这个搜索命令。如果想重复上次的搜索，按 n 移动到下一处，按 N 移动到上一处
:r	该命令后跟文件名，表示在当前文件中插入指定文件的内容，功能是恢复指定文件		
:r!	该命令后跟命令名，表示在当前光标插入该命令的执行结果	? 字符串	在文本中从下至上搜索该字符串

7.3　文本编辑器设置

Vim 编辑器的配置文件为 vimrc 的文件，可以自定义多种初始化设置，每次打开 Vim 会读取该配置文件。Vim 的配置文件存放在 /etc/vim/vimrc 目录下或存放在用户目录 ~/.Vimrc 下，用户目录下 .vimrc 配置文件的优先级更高，但是在当前用户下配置的 .vimrc 仅对当前用户有效。

7.3.1　中文帮助手册安装

Vim 编辑器自带的帮助手册是英文版的，可以通过安装中文帮助手册以提高学习效率。

1. 安装方法
在图 7-2 所示的网站下载中文帮助手册的文件包。

```
$wget http://nchc.dl.sourceforge.net/sourceforge/vimcdoc/vimcdoc-2.1.0.tar.gz
```

图 7-2　Vim 软件包下载

解压缩后进入文件夹，使用以下命令安装：

```
# ./vimcdoc.sh -i
```

启动 Vim，输入 :help，看看帮助文档是否已经变成中文版了。

2. 注意事项

（1）Vim 中文文档不会覆盖原英文文档，安装后 Vim 默认使用中文文档。若想使用英文文档，可在 Vim 中执行以下命令：

```
set helplang=en
```

同理，使用以下命令可重新使用中文文档：

```
set helplang=cn
```

（2）帮助文件的文本编码方式是 utf-8，如果想用 Vim 直接查看，需要在 ~/.vimrc 中进行如下设置：

```
set encoding=utf-8
```

7.3.2　语法高亮显示

编程人员在使用 Vim 编辑器进行项目开发时，语法高亮是非常有用的一个编程辅助工具。在编辑器中可以看到注释、关键字、字符串等都用不同颜色显示出来了。

在 ~/.vimrc 文件中增加如下代码：

```
syntax enable
syntax on
```

可以在“编辑→配色方案”（gvim）中选择一个满意的配色方案，然后在 ~/.vimrc 文件中增加如下代码：

```
colorscheme desert
```

desert 是配色方案的一种，可以自定义修改，如图 7-3 所示。

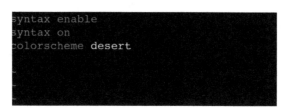

图 7-3　Vim 配色方案

文件归档与重定向

计算机在存储数据时是使用字节（B）来计算的，1B=8bit，在日常使用中并不是所有的数据都能把 1B 用完，有的可能用了 3bit，有的可能用了 4bit，而它们的实际占用空间是 2B=16bit，剩余的空间就浪费了，压缩工具就是通过算法，将占用 3bit 的数据和占用 4bit 的数据放在 1B 中，这样就能节省 1B，这种空间的节省，当在压缩一个包含了很多文本文件的目录时是非常明显的。银河麒麟高级服务器操作系统中提供 tar 打包工具，结合不同压缩工具可实现对目录及文件进行压缩与解压缩。

8.1 归档工具

在银河麒麟高级服务器操作系统中支持的压缩工具有很多，不同的工具压缩后的扩展名和大小都有差异，常见的支持 Linux 内核的压缩文件如下：

（1）*.Z：使用 compress 压缩的文件。

（2）*.zip：使用 zip 压缩的文件。

（3）*.gz：使用 gzip 压缩的文件。

（4）*.bz2：使用 bzip2 压缩的文件。

（5）*.xz：使用 xz 压缩的文件。

（6）*.tar：使用 tar 工具打包，没有压缩的文件。

（7）*.tar.gz：使用 tar 工具打包，经过 gzip 压缩的文件。

（8）*.tar.bz2：使用 tar 工具打包，经过 bzip2 压缩的文件。

（9）*.tar.xz：使用 tar 工具打包，经过 xz 压缩的文件。

其中，compress 已经过时，个别版本已经不支持。银河麒麟高级服务器操作系统下的压缩工具以 gzip、bzip2，以及后加入的 xz 为主力，但是由于这些工具最早不能压缩目录，只能针对单一文件进行压缩，所以，在日常使用中，它们都是配合 tar 这个打包工具，由 tar 把目录中的很多文件打包成一个文件，再经由对应的工具进行压缩，结果会出现 tar.* 的压缩包。

压缩文件的好处有如下几点：

· 文件更小，便于网络传输，效率高。

· 避免杂乱，可以减少文件个数，多个文件一起压缩。

· 有些文件不能直接传输，如安装程序，压缩后就可以传输了。

8.1.1　tar

大多数压缩工具只能针对单一文件进行操作，如果要压缩目录的话就会很麻烦，这时可以使用 tar 这个打包工具，将目录内的多个文件打包成一个文件，再进行压缩。

tar 的用法如下：tar [选项] [FILE]...

-C：解压到指定目录。

-c：建立 tar 包。

-t：查看 tar 包内的文件。

-x：解压 tar 包。

-p：不修改文件属性。

-f：指定文件名称。

-j：使用 bzip2 算法。

-J：使用 xz 算法。

-z：使用 gzip 算法。

-P：允许压缩路径中包含"/"。

-v：显示详细信息。

-?、--help：查看帮助。

--exclude：压缩过程中排除指定的文件。

下面举例说明。

（1）使用 gzip 压缩工具打包压缩，代码如下：

```
[root@kylinos test]# tar -czf etc.tar.gz etc
[root@kylinos test]# ls
etc   etc.tar.gz
```

（2）使用 gzip 压缩工具解压缩，代码如下：

```
[root@kylinos test]# ls
etc.tar.gz
[root@kylinos test]# tar -xzf etc.tar.gz
[root@kylinos test]# ls
etc   etc.tar.gz
```

（3）查看压缩包内容，代码如下：

```
[root@kylinos test]# tar -tf etc.tar.gz
etc/
etc/libreport/
etc/libreport/workflows.d/
etc/libreport/workflows.d/report_uploader.conf
etc/libreport/workflows.d/anaconda_event.conf
```

（4）查询压缩包中的文件信息，代码如下：

```
[root@kylinos test]# tar -tvf etc.tar.gz |more
drwxr-xr-x root/root   0 2019-10-21 04:35 etc/
drwxr-xr-x root/root   0 2019-10-21 04:35 etc/libreport/
drwxr-xr-x root/root   0 2019-10-21 04:35 etc/libreport/workflows.d/
```

（5）解压压缩包指定的文件，代码如下：

```
[root@kylinos test]# tar -tvf etc.tar.gz | grep shadow
---------- root/root   792 2019-10-21 04:35 etc/gshadow
---------- root/root  1506 2019-10-21 04:35 etc/shadow
---------- root/root   781 2019-10-21 04:35 etc/gshadow-
---------- root/root  1374 2019-10-21 04:35 etc/shadow-
-rw-r--r-- root/root   214 2019-10-21 04:35 etc/pam.d/sssd-shadowutils
[root@kylinos test]# tar -xf etc.tar.gz etc/shadow
[root@kylinos test]# ls
etc   etc.tar.gz
[root@kylinos test]# ls etc
shadow
```

8.1.2　gzip 压缩工具的使用

gzip 是一款使用广泛的压缩工具，对文本文件的压缩比率通常能达到 60% ～ 70%，文件经过压缩后一般会以 .gz 为扩展名，与 tar 命令合用后即以 .tar.gz 为扩展名。gzip 命令格式如下：

```
[root@kylinos ~]# gzip -h
Usage: gzip [OPTION]... [FILE]...
```

-c：保留源文件。

-d：解压缩。

-h：显示帮助。

-t：检查压缩文件的数据一致性，用来确定压缩文件是否有错误。

-v：显示压缩包的相关信息，包括压缩比等。

-V：显示版本号。

-1：压缩最快，压缩比低。

-9：压缩最慢，压缩比高。

代码如下：

```
[root@kylinos test]# pwd
/root/test
[root@kylinos test]# cp /etc/services ./
[root@kylinos test]# gzip -v services
services:  79.4% -- replaced with services.gz
[root@kylinos test]# ll /etc/services services.gz
-rw-r--r--. 1 root root 692241 Sep 10  2018 /etc/services
-rw-r--r--  1 root root 142549 Oct 20 23:32 services.gz
[root@kylinos test]# zcat services.gz
```

原始压缩包文件 services.gz，经 gzip -d 解压缩出来的文件是 services，原始压缩包文件 services.gz 被覆盖了，代码如下：

```
[root@kylinos test]# ls
services.gz
[root@kylinos test]# gzip -d services.gz
[root@kylinos test]# ls
services
```

gzip 工具按压缩级别压缩文件，代码如下：

```
[root@kylinos test]# gzip -1 -c services > test.gz

[root@kylinos test]# ls

services    test.gz

[root@kylinos test]# zgrep -n ssh test.gz

          22/tcp     # The Secure Shell （SSH） Protocol45:ssh

          22/udp     # The Secure Shell （SSH） Protocol
```

8.1.3 bzip2

bzip2 工具能够进行高质量的数据压缩。bzip2 能够把普通的数据文件压缩 10% ~ 15%，支持大多数压缩格式，如 tar、gzip 等。

bzip2 命令格式如下：bzip2 ［选项］   文件名

-h：帮助。

-d：解压。

-z：压缩默认值。

-k：保留源文件。

-v：查看版本信息。

-1 ~ -9：压缩比，-1 压缩最快，压缩比低；-9 压缩最慢，压缩比高。

bzip2 与 gzip 相同，两种工具的区别就是压缩算法不同。bzip2 的压缩比更好一些。bzip 的包查看的时候使用的是 bzcat、bzmore、bzless。

```
[root@kylinos test]# gzip -c services > services.gz

[root@kylinos test]# bzip2 -k services

[root@kylinos test]# ll

总用量 948

-rw-r--r-- 1 root root 692241 10月 21 01:31 services

-rw-r--r-- 1 root root 129788 10月 21 01:31 services.bz2

-rw-r--r-- 1 root root 142549 10月 21 01:32 services.gz
```

8.1.4 xz

虽然 bzip2 的压缩效果比 gzip 已经提升了很多，但是技术是永无止境的，于是出现了 xz，它的用法与 gzip、bzip2 一样。

xz 命令格式如下：xz ［选项］ 文件名

-d：解压缩。

-t：检查压缩文件的完整性。

- •：查看压缩文件的相关信息。

-k：保留源文件。

-c：将信息输出到显示器上。

-0 ～ -9：指定压缩级别。

-h：显示帮助。

代码如下：

```
[root@kylinos test]# xz -k services
[root@kylinos test]# ll
总用量 1052
-rw-r--r-- 1 root root 692241 10 月 21 01:31 services
-rw-r--r-- 1 root root 129788 10 月 21 01:31 services.bz2
-rw-r--r-- 1 root root 142549 10 月 21 01:32 services.gz
-rw-r--r-- 1 root root 105872 10 月 21 01:31 services.xz
```

可以看到，在使用默认压缩比压缩的情况下，xz 压缩完的文件体积更小，代码如下：

```
[root@kylinos test]# xz -l services.xz        查看相关信息
Strms  Blocks   Compressed Uncompressed  Ratio  Check     Filename
    1       1      103.4 KB      676.0 KB  0.153  CRC64     services.xz
[root@kylinos test]# xzcat services.xz        查看压缩文件内容
[root@kylinos test]# xz -d services.xz        解压缩
```

虽然 xz 的压缩算法更好，但是相对来说时间也比较长，代码如下：

```
[root@kylinos test]# time gzip -c services > services.gz
rea·0m0.023s
user      0m0.020s
sys       0m0.003s
```

```
[root@kylinos test]# time bzip2 -k services

rea·0m0.047s

user      0m0.043s

sys       0m0.003s

[root@kylinos test]# time xz -k services

rea·0m0.264s

user      0m0.258s

sys       0m0.003s
```

可以使用 time 命令对比一下压缩所用时间。gzip、bzip2、xz 所用的时间分别是 0.023、0.047、0.264，可以看到 xz 使用的时间是比较长的，这个时间与文件体积成正比，所以，在使用这 3 种压缩方式时，也要把时间成本考虑在内。

8.2 重定向

一般情况下，基于银河麒麟高级服务器操作系统每个命令运行时都会打开如下 3 个文件：

- 标准输入文件（stdin）：stdin 的文件描述符为 0，默认从键盘读取数据。
- 标准输出文件（stdout）：stdout 的文件描述符为 1，默认向显示器输出数据。
- 标准错误文件（stderr）：stderr 的文件描述符为 2，默认向显示器输出错误信息。

输入重定向，指的是重新指定设备来代替键盘作为新的输入设备。

输出重定向，指的是重新指定设备来代替显示器作为新的输出设备。

通常是用文件或命令的执行结果来代替键盘作为新的输入设备，而新的输出设备通常指的是文件或打印设备。

8.2.1 输出重定向

默认情况下，command > file 将输出重定向到 file，代码如下：

```
# command >file
```

如果 command 命令的执行结果是错误的，则将错误输出重定向到文件 file，可以这样写：

```
# command 2>file
```

将错误输出追加到 file 文件末尾，可以这样写：

```
# command 2>>file
```

2 表示标准错误文件（stderr）。

将标准输出和标准错误输出重定向到文件 file，可以这样写：

```
# command > file 2>&1
```

或者追加重定向到文件 file，代码如下：

```
# command >> file 2>&1
```

表 8-1 所示为输出重定向用到的符号及作用。

表 8-1　输出重定向符号及作用

命令符号格式	作　　用
命令 > 文件	将命令执行的标准输出结果重定向输出到指定的文件中，如果该文件已包含数据，则会清空原有数据，再写入新数据
命令 2> 文件	将命令执行的错误输出结果重定向到指定的文件中，如果该文件中已包含数据，则会清空原有数据，再写入新数据
命令 >> 文件	将命令执行的标准输出结果重定向输出到指定的文件中，如果该文件已包含数据，新数据将写入到原有内容的后面
命令 2>> 文件	将命令执行的错误输出结果重定向到指定的文件中，如果该文件中已包含数据，新数据将写入到原有内容的后面
命令 >> 文件 2>&1 或者 命令 &>> 文件	将标准输出或者错误输出写入到指定文件，如果该文件中已包含数据，新数据将写入到原有内容的后面。注意，第一种格式中 2>&1 是固定写法

8.2.2　输入重定向

command < file 将文件 file 内容输入重定向到 command 命令。

```
$ command < file
```

表 8-2 所示为输入重定向中用到的符号及作用。

表 8-2　输入重定向符号及作用

命令符号格式	作　　用
命令 < 文件	将指定文件作为命令的输入设备
命令 << 分界符	输入重定向的一种特殊方式称为 Here 文档，表示从标准输入设备（键盘）中读入，直到遇到分界符才停止（读入的数据不包括分界符），这里的分界符其实就是自定义的字符串
命令 < 文件 1 > 文件 2	将文件 1 作为命令的输入设备，该命令的执行结果输出到文件 2 中

8.2.3　Here 文档

Here 文档是 shell 中的一种特殊的重定向方式，用来将输入重定向到一个交互式 shell 脚本或程序。其基本语法如下：

```
command << delimiter
    document
delimiter
```

这段代码的作用是将两个分界符（delimiter）之间的内容（document）作为输入传递给命令 command。

在命令行中通过 wc -l 命令统计 Here 文档的行数，代码如下：

```
# wc -l << EOF
  欢迎来到
  麒麟软件
  www.kylinos.cn
EOF
3                  # 输出结果为 3 行
$
```

注意：

- 结尾的 delimiter 一定要顶格写，前面不能有任何字符，后面也不能有任何字符，包括空格和 tab 缩进。
- 开始的 delimiter 前后的空格会被忽略掉。

8.3 数据处理常用工具

银河麒麟高级服务器操作系统中数据处理常用工具涉及管道的使用、命令替换的使用、命令搜索 which 的使用、搜索文件 find 的使用、数据搜索 grep 的使用、文件排序、文件去重等。

8.3.1 管道

进程的输出可以被重定向到终端显示器以外的地方，也可以让进程从键盘以外的地方读取输入。一种最常用、最有力的重定向形式是把这二者结合起来，在这种形式下，一个命令的输出（标准输出）被直接"用管道输送"到另一个命令的输入（标准输入）中，从而构成了管道（Pipe）。当两个命令用管道连接起来时，第一个进程的标准输出流被直接连接到第二个进程的标准输入序列。为了用 bash 创建管道，可以用一个垂直的小节线 | 把这两个命令连接起来。

图 8-1 所示为管道命令。

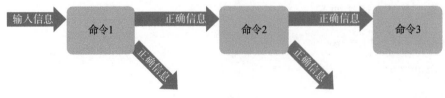

图 8-1 管道命令

```
[root@kylinos ~]# pwd
/root
[root@kylinos ~]# ls | grep ana
anaconda-ks.cfg
```

注意：

从管道读数据是一次性操作，数据一旦被读，就被从管道中抛弃，释放空间以便写更多的数据。管道命令只能处理经由前面一个命令传出的正确结果。

8.3.2 命令替换

shell 命令替换是指将命令的输出结果赋值给某个变量。例如，在某个目录中输入 ls 命令，可查看当前目录中所有的文件，但如何将输出内容存入某个变量中呢？这就需要使用命令替换，这也是 shell 编程中使用非常频繁的功能。

shell 中有两种方式可以完成命令替换，一种是反引号 \`\`，另一种是 $（ ），使用方法如下：

```
variable=`commands`
variable=$（commands）
```

其中，variable 是变量名，commands 是要执行的命令。commands 可以只有一个命令，也可以有多个命令，多个命令之间以分号（;）分隔。

例如，date 命令用来获取当前的系统时间，使用命令替换可以将它的结果赋值给一个变量。

```
#!/bin/bash
begin_time=`date` # 开始时间，使用 `` 替换
sleep 20s # 休眠 20 秒
finish_time=$（date） # 结束时间，使用 $（）替换
echo "Begin time: $begin_time"
echo "Finish time: $finish_time"
```

运行脚本，20 秒后可以看到输出结果如下：

```
Begin time: 2022 年 12 月 19 日星期五 09:59:58 CST
Finish time: 2022 年 12 月 19 日星期五 10:00:18 CST
```

8.3.3 命令搜索

1. Whereis 命令

Whereis 命令用于搜索命令所在路径及帮助文档所在位置。该命令只能用于查找在系统中存在或安装的程序文件，不能用于查找普通文件，支持模糊查询。

命令格式： whereis 命令名

常用参数：

-b：只查找可执行文件的位置。

-m：只查找帮助文件。

2. Which 命令

Which 命令用于搜索命令所在路径及别名。使用 Which 命令查找文件，会去查找环境变量中存在的文件。

命令格式：which 命令名

8.3.4 find 文件搜索

1. find 命令

find 命令可以根据不同的条件进行文件查找，包括按照权限、拥有者、修改日期 / 时间、文件大小等来搜索文件。

find 命令的基本语法如下：

find［搜索路径］［选项］［表达式］［处理动作］

find 命令参数如表 8-3 所示。

表 8-3　find 命令参数

命　　令	描　　述
搜索路径	find 命令所查找的范围。例如，用 . 来表示当前目录，用 / 来表示系统根目录
常见选项	-name：查找文件名
	-type：查找文件类型。d：目录文件；f：普通文件；d：块设备文件；c：字符设备文件
表达式 -exec	find 命令对匹配的文件执行该表达式所给出的 shell 命令。-exec command {} ; 将查到的文件执行 command 操作，注意 {} 和 ; 之间有空格

例 1：按照文件修改时间搜索文件。

-mtime：修改文件内容的时间。

-atime：访问文件内容的时间。

-ctime：修改文件元数据的时间。

+7：查找 7 天之前的，不包含今天。

```
[root@kylinos /tmp]# find ./ -name 'file*' -mtime +7
```

-7: 查找 7 天之内的，包含今天。

```
[root@kylinos /tmp]# find ./ -mtime -7
```

7: 查找不包含今天，往前数第 7 天的。

```
[root@kylinos /tmp]# find ./ -mtime 7
# 删除近 7 天之前的所有文件
[root@kylinos /tmp]# find ./ -name 'file*' -mtime +7 -delete
```

例 2：在当前目录下按照时间戳或者文件名搜索文件，并执行相应处理动作，代码如下：

```
# 默认的处理动作，显示至屏幕
[root@kylinos /tmp]# find ./ -mtime 3 -print  ./file-27
# 对查找到的文件执行 "ls -l" 命令
[root@kylinos /tmp]# find ./ -name 'file*' -o -name 'test*' -ls  16777294
0 -rw-r--r--   1 root      root              0 Jun 30 00:52 ./test1
# 删除查找到的文件
[root@kylinos /tmp]# find ./ -name 'file*' -o -name 'test*' -delete
# 每次执行前都会弹出提示要用户确认，处理删除任务时，-ok 是更加安全的选项，可替代 -exec。
[root@kylinos /tmp]# find ./ -name 'file*' -o -name 'test*' -ok ls -l \;
< ls ... ./test1 > ? y
total 2716
-rw-r--r--. 1 root root     29 Jun 18 15:20 date.txt
# 对查找结果进行二次处理，后面跟 shell 命令；它的终止是以 ";" 为结束标志的，考虑到各个系
统中分号会有不同意义，所以分号前面加反斜杠 "\"；{} 花括号代表前面 find 查找出来的文件名。
[root@kylinos /tmp]# find ./ -name 'file*' -o -name 'test*' -exec ls -l \;
（查看了当前路径下以 test 开头的文件的详细属性）
[root@kylinos /tmp]# find ./ -name 'file*' -o -name 'test*' -exec cp {} /opt/ \;
（就近原则复制，只复制了以 test 开头的文件）
```

2. locate 命令

locate 命令用于查找符合条件的文档，它会到保存文档和目录名称的数据库中查找合乎条件的文档或目录。locate 命令比 find 命令的搜索速度快，它需要一个系统文件数据库，这个数据库由每天的例行工作（crontab）程序来建立，以便及时更新数据。建立好这个数据

库后，就可以方便地搜寻所需文件了。

先运行 updatedb 命令，在 /var/lib/slocate/ 下生成 slocate.db 数据库，即可快速查找。在命令提示符下直接执行如下命令：

```
#updatedb
#locate 文件名
```

即可查找指定文件。

8.3.5　grep 数据检索

grep 命令是一种强大的文本搜索工具，它能配合正则表达式搜索文本，并把匹配的行打印出来。grep 命令格式如下：

```
grep [选项] [正则表达式] 文件名
```

grep --help 命令可查看 grep 命令的主要选项如下：

-c：只输出匹配行的计数。

-i：不区分大小写。

-h：查询多文件时不显示文件名。

-l：查询多文件时只输出包含匹配字符的文件名。

-n：显示匹配行及行号。

-s：不显示不存在或无匹配文本的错误信息。

-v：显示不包含匹配文本的所有行。

--color=auto：可以将找到的关键词部分加上颜色。

表 8-4 所示为 grep 命令经常配合使用的正则表达式。

表 8-4　grep 命令经常配合使用的正则表达式

通配字符	功　　能
*（星号）	表示任何字符串。例如，sys* 表示以 sys 开头的任何字符串
?（问号）	表示任何单个字符。例如，a??c 表示由 a、两个任意字符和 c 组成的字符串
[]（一对方括号）	表示一个字符序列，字符序列可以包含若干字符。例如，[abc] 表示 a、b、c 之中的任一字符。也可以是由 "-" 连接起止字符形成的序列，例如，[ac-gx] 表示 a、c、d、e、f、g、x 之中的任一字符。除连字符 "-" 外，其他特殊字符在 [] 中都是普通字符，包括 * 和?
!（感叹号）	在 [] 中使用! 表示排除其中任意字符，如 [!0-9] 表示不是数字；[!ab] 表示不是 a 或 b 的任一字符
^（幂符号）	只在一行的开头匹配的字符串
$（货币符号）	只在行尾匹配字符串，它放在匹配单词的后面

举例如下：

（1）grep 'test' d*

显示所有以 d 开头的文件中包含 test 的行

（2）grep 'test' aa bb cc

显示在 aa、bb、cc 文件中匹配 test 的行。

（3）grep '[a-z]\{5\}' aa

显示 aa 文件中每个字符串至少有 5 个连续小写字符的字符串的行。

8.3.6　文件排序

很多时候，需要去计算数据中相同形态的数据总数。例如，使用 last 命令可以查得这个月份有登录主机者的身份。可以针对每个使用者查出他们的总登录次数，此时就需要排序与计算相关的命令来辅助了。

sort 命令可以对文本内容进行排序，格式如下：

```
sort [ 选项 ]… [ 文件名 ]…
```

sort 命令常用选项如表 8-5 所示。

表 8-5　sort 命令常用选项

常用选项	说　　明
-n，--number-sort	按字符串数值排序，与 -g 区别为不转为浮点数
-g，--general-number-sort	按通用数值排序，支持科学计数法
-f，--ignore-case	忽略大小写，默认大小写字母不同
-k，--key=POS1[，POS2]	排序从 POS1 开始，若指定 POS2，则 POS2 结束，否则以 POS1 排序
-t，--field-separator=SEP	指定列的分割符
-r，--reverse	降序排序，默认为升序
-h，--human-numeric-sort	使用易读性数字（如 2K、1G）
-u，--unique	去除重复的行
-o，--output=FILE	将输出写入文件

8.3.7　文件去重

uniq 命令可以检索相邻的重复数据，从而去重，一般和 sort 命令一起使用。

uniq 命令的格式如下：

```
uniq [ 选项 ]... [ 文件 ]
```

表 8-6 所示为 uniq 命令常用选项。

表 8-6　uniq 命令常用选项

常用选项	说　　明	常用选项	说　　明
-c	统计出现的次数（count）	-u	显示唯一值，即没有重复值的行
-d	只显示被计算为重复的行	-i	忽略大小写
-D	显示所有被计算为重复的行		

示例：

$ sort file.txt | uniq；对 file.txt 文件，排序后去重。

$ sort file.txt | uniq -d ；显示 uniq.txt 文件中重复的行。

$ sort file.txt | uniq -d -c ；统计 uniq.txt 文件中重复行出现的次数。

第 9 章 软件包管理

在日常业务及系统管理中，用户会根据需求对软件进行安装、升级、卸载等操作，在银河麒麟高级服务器操作系统中常见的软件管理方式有三种：

- RPM 软件包管理。
- YUM 软件仓库。
- 源码软件包管理。

9.1 RPM 软件包

为了方便用户在银河麒麟高级服务器操作系统中简单、高效、便捷的安装、升级、卸载、查看软件，银河麒麟高级服务器操作系统默认支持国际主流 RPM 软件包格式。

9.1.1 RPM 简介

RPM 最早是由 RedHat 开发出来的，由于很好用，所以，很多发行版也利用 RPM 来进行软件包的管理。RPM 的全称是 RedHat Package Manager，最大的特点就是把需要安装的软件提前编译、打包，然后在 RPM 包中存放了用于记录软件依赖关系的相关数据，用户安装时，优先查看这些数据，如果系统满足数据要求，就安装软件包，否则，就不能安装。安装完成后，将软件包的相关信息记录到 RPM 的数据库中，以便于查询和卸载等。RPM 的优点是方便安装、卸载、查询，缺点是只能在指定的操作系统上使用，所以，不同厂商的 RPM 包甚至同一厂商不同版本操作系统的 RPM 包都不通用。

RPM 包的命名方式如下：

dhcp	3.3.6	37	ky10	x86_64	rpm
软件名称	版本	释出号	适用的系统	适用的平台	扩展名

9.1.2 RPM 命令

RPM 包的相关文件一般都会放在对应的目录中。例如，RPM 包安装后，配置文件会放在 /etc 下，执行文件会放在 /usr/bin 下，链接库文件会放在 /usr/lib 下，帮助与说明文档会放在 /usr/share/man 和 /usr/share/doc 目录下。

RPM 命令的语法如下：

```
rpm [选项] 软件包
```

RPM 常用选项如下：

-i：安装。

-v：显示详细信息。

-h：显示安装进度。

-e：卸载。

-U：升级。如果系统中有低版本的，就会升级该软件；如果系统没有安装相应的包，则安装该软件。

-F：有条件的升级，会检测用户指定的软件包是否已安装到银河麒麟高级服务器操作系统中。

--nodeps：忽略软件包之间的依赖关系。

--replacefiles：覆盖文件。

--replacepkgs：修复。

--force：强制。

--test：测试。

-q：查询指定的软件包是否安装。

-qi：查看指定的软件包的信息，包括开发商、版本、说明。

-ql：查看指定软件包中所包含的文件列表。

-qc：查看指定软件包的配置文件。

-qa：查看本机安装的所有包。

-qf：查看一个文件归属于哪个已安装的软件包。

例如，利用 rpm 命令安装软件包：net-tools.rpm。

安装软件包前应确保 rpm 软件包已下载到本地，或者通过挂载光盘获取 rpm 软件包，代码如下：

```
[root@kylinv10 ~]# mount /dev/sr0 /mnt
mount: /mnt: WARNING: source write-protected, mounted read-only.
```

安装软件包，代码如下：

```
[root@kylinv10 ~]# rpm -ivh /mnt/Packages/net-tools-2.0-0.53.ky10.x86_63.rpm
Verifying...                      ################################ [100%]
准备中 ...                         ################################ [100%]
正在升级 / 安装 ...
  1:net-tools-2.0-0.53.ky10       ################################ [100%]
```

利用 -q 选项查看已安装的软件包，代码如下：

```
# 查看已安装的所有软件包
[root@kylinv10 ~]# rpm -qa
texlive-graphics-svn47350-22.ky10.noarch
fcitx-gtk2-3.2.9.1-2.p02.ky10.x86_64
perl-bignum-0.50-3.ky10.noarch
...
# 查看某个软件包是否安装
[root@kylinv10 ~]# rpm -qa |grep net-tools
net-tools-2.0-0.53.ky10.x86_64
# 查看系统中的文件属于哪个安装包
[root@kylinv10 ~]# rpm -qf /etc/passwd
setup-2.13.3-3.2.ky10.noarch
# 查看软件包中有哪些文件
# 已安装的软件包
[root@kylinv10 ~]# rpm -ql net-tools
/usr/bin/netstat
/usr/lib/.build-id
...
# 未安装的软件包
[root@kylinv10 ~]# rpm -qpl /mnt/Packages/dhcp-3.3.6-34.ky10.x86_63.rpm
/etc/NetworkManager
/etc/NetworkManager/dispatcher.d
/etc/NetworkManager/dispatcher.d/11-dhclient
/etc/NetworkManager/dispatcher.d/12-dhcpd
/etc/dhcp
...
```

```
# 查看指定软件包中的配置文件
[root@kylinv10 ~]# rpm -qc /mnt/Packages/dhcp-3.3.6-34.ky10.x86_63.rpm
/etc/dhcp/dhcpd.conf
/etc/dhcp/dhcpd7.conf
/etc/openldap/schema/dhcp.schema
/etc/sysconfig/dhcpd
/var/lib/dhcpd/dhcpd.leases
/var/lib/dhcpd/dhcpd7.leases
```

利用 -e 选项卸载软件包，代码如下：

```
[root@kylinv10 ~]# rpm -e net-tools
```

利用 --test 选项测试软件包是否可用，代码如下：

```
[root@kylinv10 ~]# rpm -ivh /mnt/Packages/net-tools-2.0-0.53.ky10.x86_63.
rpm --test
Verifying...                  ################################# [100%]
准备中 ...                      ################################# [100%]
[root@kylinv10 ~]# rpm -qa |grep net-tools
# 查询发现并没有安装，只是测试包是否可用
```

强制安装，代码如下：

```
[root@kylinv10 ~]# rpm -ivh /mnt/Packages/net-tools-2.0-0.53.ky10.x86_63.
rpm --force
Verifying...                  ################################# [100%]
准备中 ...                      ################################# [100%]
正在升级 / 安装 ...
   1:net-tools-2.0-0.53.ky10    ################################# [100%]
[root@kylinv10 ~]# rpm -qa |grep net-tools
net-tools-2.0-0.53.ky10.x86_64
```

利用 --replacefiles 选项覆盖安装，代码如下：

```
[root@kylinv10 ~]# rpm -ivh /mnt/Packages/net-tools-2.0-0.53.ky10.x86_63.
rpm --replacefiles
Verifying...                  ################################# [100%]
准备中 ...                      ################################# [100%]
   软件包 net-tools-2.0-0.53.ky10.x86_64 已经安装
```

利用 --replacepkgs 选项修复软件，代码如下：

```
[root@kylinv10 ~]# rpm -ivh /mnt/Packages/net-tools-2.0-0.53.ky10.x86_63.
rpm --replacepkgs
Verifying...                          ################################# [100%]
准备中 ...                             ################################# [100%]
正在升级 / 安装 ...
   1:net-tools-2.0-0.53.ky10           ################################# [100%]
```

RPM 格式的软件包安装简单、快捷、高效，但是 RPM 软件包的安装需要解决依赖关系，安装过程中必须首先解决依赖包的安装。

下面就是安装 DHCP 软件包时出现的依赖。

```
[root@kylinv10 ~]# rpm -ivh /mnt/Packages/dhcp-3.3.6-34.ky10.x86_63.rpm
--test
错误：依赖检测失败：
    libdns-export.so.1102（）（64bit）被 dhcp-12:3.3.6-34.ky10.x86_64 需要
    libirs-export.so.160（）（64bit）被 dhcp-12:3.3.6-34.ky10.x86_64 需要
    libisc-export.so.169（）（64bit）被 dhcp-12:3.3.6-34.ky10.x86_64 需要
    libisccfg-export.so.160（）（64bit）被 dhcp-12:3.3.6-34.ky10.x86_64 需要
```

9.2 YUM 软件仓库

为了能够更加高效地安装 RPM 包而不需要用户自己去解决依赖关系，可以使用 YUM 软件仓库来安装，用户安装软件时 YUM 解决依赖关系。

9.2.1 YUM 简介

YUM（Yellowdog Updater Modified）是一个基于 RPM 却更胜于 RPM 的管理工具，用户可以更轻松地管理银河麒麟高级服务器操作系统中的软件。可以使用 YUM 安装或卸载软件，也可以利用 YUM 更新系统，还可以利用 YUM 搜索一个尚未安装的软件。不管是安装、更新还是删除，YUM 都会自动解决软件间的依赖性问题。通过 YUM 比单纯使用 RPM 更加方便。

YUM 包含下列几个组件：

（1）YUM 软件下载源。如果把所有 RPM 文件放在某一个目录中，这个目录就可称为"YUM 仓库（YUM Repository）"。也可以把 YUM 仓库通过 HTTPS、HTTP、FTP 等方式分享给其他计算机使用。还可以直接使用别人建好的 YUM 仓库来取得需安装的软件。

（2）YUM 工具。YUM 提供了一个名为 YUM 的命令，可以使用 YUM 命令来使用 YUM 提供的众多功能。

（3）YUM 插件。YUM 允许第三方厂商开发 YUM 的插件（Plug-in），让用户可以任意扩充 YUM 的功能。例如，有的插件可以帮助选择最快的 YUM 源。

（4）YUM 缓存。YUM 运行时，会从 YUM 仓库获得软件信息与文件，并且暂存于本机的硬盘上。这个暂存的目录称为"YUM 缓存（YUM cache）"。缓存目录为 /var/cache/，默认安装完成后缓存的软件包会被自动删除。

9.2.2　YUM 的使用

1. YUM 源的配置

由于软件包是通过 YUM 仓库获得的，所以，在使用 YUM 之前需要在客户端上先配置一个 YUM 软件源，用来指明 YUM 仓库的位置。

在银河麒麟高级服务器操作系统 V10 中，YUM 软件源配置文件统一都放到 /etc/yum.repos.d/ 目录下，在这个目录中自带了默认的下载源 kylin_x86_64.repo。用户可以自定义下载源文件，需要注意的是，必须以 .repo 结尾，代码如下：

```
[root@kylinv10 ~]# cd /etc/yum.repos.d/
[root@kylinv10 yum.repos.d]# ls
kylin_x86_64.repo
```

也可以自定义一个本地 YUM 仓库，仓库内软件来自本地安装光盘。

使用 vim 命令建立本地 yum 源配置文件，指向本地 yum 仓库，即本地安装光盘。

首先将安装光盘挂载到本地 mnt 目录，代码如下：

```
[root@kylinv10 yum.repos.d]# mount |grep /mnt
/dev/sr0 on /mnt type iso9660 （ro, relatime, nojoliet, check=s, map=n,
blocksize=2048, uid=0, gid=8888, dmode=500, fmode=400）

[root@kylinv10 yum.repos.d]# vim local_cd.repo
# YUM 仓库名称
[local]
# YUM 仓库描述
name=local cd
```

```
#YUM 仓库路径，这里是本地共享，使用 file 协议
baseurl=file:///mnt
# 是否启用本 YUM 源，1 是开启，0 是关闭
enabled=1
# 是否通过 GPG 公钥证书验证软件包的完整性，1 是使用，0 是不使用
gpgcheck=0

# 如果 gpgcheck=1，要添加一行指定公钥证书的路径
#gpgkey= 公钥证书路径
```

自建本地 YUM 仓库 /data/.repodata/，代码如下：

```
# 将下载好的 RPM 软件包存放到一个指定的目录中
[root@kylinv10 ~]# mkdir /data
[root@kylinv10 ~]# ls /data
[root@kylinv10 ~]# cp /mnt/Packages/* /data/

# 从光盘镜像中安装 createrepo 工具
[root@kylinv10 ~]# yum -y install createrepo

# 利用 createrepo 工具生成软件包之间的依赖关系数据文件
[root@kylinv10 yum.repos.d]# createrepo /data/
Directory walk started
Directory walk done - 3025 packages
Temporary output repo path: /data/.repodata/
Preparing sqlite DBs
Pool started (with 5 workers)
Pool finished

# 建立指向本地 yum 仓库的 yum 源配置文件
[root@kylinv10 yum.repos.d]# vim local_my.repo
[myrepo]
name=local myrepo
enable=1
gpgcheck=0
baseurl=file:///data
```

2. YUM 命令

YUM - RPM 包管理工具

YUM 命令语法如下：

```
yum [选项] 命令 [安装包]
```

常见命令选项如下：

-y：不询问用户是否安装，直接安装。

-q：不显示安装过程。

-h：帮助。

常见命令如下：

list：列出 YUM 仓库的软件包。

install：安装。

update：升级可更新的软件，类似于 upgrade。

check-update：列出所有可更新的软件清单。

upgrade：升级可更新的软件，类似于 update。

remove：卸载软件包。

info：列出软件包信息。

clean：清除 YUM 元数据信息。

search：在 YUM 仓库中搜索包含关键字的包。

localinstall：安装本地软件包，依赖从 YUM 仓库解决。

localupate：升级本地软件包，依赖从 YUM 仓库解决。

reinstall：重新安装软件包。

grouplist：以组的方式列出 YUM 仓库中的软件包。

groupinstall：以组的方式安装软件包。

groupremove：以组的方式卸载软件包。

3. YUM 命令练习

1）YUM 插件安装

```
[root@kylinv10 ~]# yum install 插件名称
插件配置文件存放位置 /etc/yum/pluginconf.d/xxx.conf
```

插件的启用和停用，代码如下：

```
修改 /etc/yum/pluginconf.d/xxx.conf 文件中的 enabled 字段 1= 启用 0= 停用
```

2）清除 yum 缓存。

```
[root@kylinv10 ~]# yum clean all
```

如果发现 yum 运行不太正常，这可能是 yum 缓存数据错误导致的，所以，需要将 yum 的缓存清除。

查看软件包，代码如下：

```
[root@kylinv10 ~]# yum list
```

查看有哪些可用组，代码如下：

```
[root@kylinv10 ~]# yum grouplist
```

查看 dhcp 包的信息，代码如下：

```
[root@kylinv10 ~]# yum info dhcp
```

搜索 dhcp 软件包，代码如下：

```
[root@kylinv10 ~]# yum search dhcp
```

3）yum 安装软件安装 dhcp 软件包

```
[root@kylinv10 ~]# yum install dhcp -y
```

安装一组软件包，代码如下：

```
[root@kylinv10 ~]# yum groupinstall '开发工具' -y
```

4）删除软件包

删除一个软件包，代码如下：

```
[root@kylinv10 ~]# yum remove dhcp -y
```

删除一组软件包，代码如下：

```
[root@kylinv10 ~]# yum groupremove '开发工具' -y
```

9.3 源码包的安装

在银河麒麟高级服务器操作系统中，很多新版本的软件包的更新都会优先提供 tar 包版本，在这些源码包中一般包含程序源代码文件、配置文件（configure）、安装使用说明

（INSTALL、HOWTO、README）。

tar 源码包的安装流程如下：

（1）获取软件包。

（2）解压文件。

（3）检查当前系统是否满足软件包安装需求。

（4）使用 GCC 进行编译，生成主要的二进制文件。

（5）将二进制文件安装到主机。

这些步骤看起来很简单，但是在使用过程中有很多问题需要解决，如需要解决系统环境、权限问题等，不同类型的软件在安装方法上会有差异。

9.3.1 获取软件包

软件包获取的方式有很多，最常见的就是复制和下载。

例如，下载安装 Nginx 源码包，使用 wget 命令，在文本界面下载，代码如下：

```
[root@kylinv10 ~]# wget http://nginx.org/download/nginx-1.19.7.tar.gz
--2022-02-16 15:27:42--  http://nginx.org/download/nginx-1.19.7.tar.gz
正在解析主机 nginx.org（nginx.org）... 3.125.194.172, 52.58.199.22,
2a05:d014:edb:5702::6, ...
正在连接 nginx.org（nginx.org）|3.125.194.172|:80... 已连接。
已发出 HTTP 请求，正在等待回应 ... 200 OK
长度: 1055982（1.0M）[application/octet-stream]
正在保存至: "nginx-1.19.7.tar.gz"
nginx-1.19.7.tar.gz                              100%[==================
===========================================================================
==========================>]   1.01M   284KB/s   用时 3.6s
2022-02-16 15:27:48（284 KB/s）- 已 保 存 "nginx-1.19.7.tar.gz"
[1055982/1055982]）
```

9.3.2 解压软件包

下载的 Nginx 源码包是压缩包，在安装前需要解压缩源码包，代码如下：

```
[root@kylinv10 ~]# tar xf nginx-1.19.7.tar.gz
```

检查当前系统是否满足软件包安装需求，安装 Nginx 所需要的环境组件 gcc、pcre-devel、zlib-devel 等，并且设置 Nginx 安装后的主目录，代码如下：

```
## 安装 GCC 编译软件以及 nginx 依赖包: pcre-devel 和 zlib-devel。
[root@kylinv10 ~]# yum -y install gcc pcre-devel zlib-devel -q
# 检查系统是否满足安装需求
[root@kylinv10 ~]# cd nginx-1.19.6/
[root@kylinv10 nginx-1.19.6]# ./configure --prefix=/usr/local/nginx
checking for OS
 + 银河麒麟高级服务器操作系统 3.19.90-14.5.ky10.x86_64 x86_64
checking for C compiler ... found
 + using GNU C compiler
 + gcc version: 4.3.0 （GCC）
checking for gcc -pipe switch ... found
checking for -Wl, -E switch ... found
.....


Configuration summary
  + using system PCRE library
  + OpenSSL library is not used
  + using system zlib library
  nginx path prefix: "/usr/local/nginx"
  nginx binary file: "/usr/local/nginx/sbin/nginx"
  nginx modules path: "/usr/local/nginx/modules"
  nginx configuration prefix: "/usr/local/nginx/conf"
  nginx configuration file: "/usr/local/nginx/conf/nginx.conf"
  nginx pid file: "/usr/local/nginx/logs/nginx.pid"
  nginx error log file: "/usr/local/nginx/logs/error.log"
  nginx http access log file: "/usr/local/nginx/logs/access.log"
  nginx http client request body temporary files: "client_body_temp"
```

```
nginx http proxy temporary files: "proxy_temp"

nginx http fastcgi temporary files: "fastcgi_temp"

nginx http uwsgi temporary files: "uwsgi_temp"

nginx http scgi temporary files: "scgi_temp"


备注：

/configure --prefix=/usr/local/nginx

--prefix=  指定软件安装到哪个目录
```

9.3.3 编译

通过 make 命令基于 gcc 环境进行编译，生成主要的二进制安装文件，代码如下：

```
[root@kylinv10 nginx-1.19.6]# make

make -f objs/Makefile

make[1]:进入目录 "/root/nginx-1.19.6"

cc -c -pipe  -O -W -Wall -Wpointer-arith -Wno-unused-parameter -Werror -g

-I src/core -I src/event -I src/event/modules -I src/os/unix -I objs \

    -o objs/src/core/nginx.o \

....


-ldl -lpthread -lcrypt -lpcre -lz \

-Wl, -E

sed -e "s|%%PREFIX%%|/usr/local/nginx|" \

    -e "s|%%PID_PATH%%|/usr/local/nginx/logs/nginx.pid|" \

    -e "s|%%CONF_PATH%%|/usr/local/nginx/conf/nginx.conf|" \

    -e "s|%%ERROR_LOG_PATH%%|/usr/local/nginx/logs/error.log|" \

    < man/nginx.8 > objs/nginx.8

make[1]:离开目录 "/root/nginx-1.19.6"
```

9.3.4 安装

make install 命令将二进制文件安装到主机，代码如下：

```
[root@kylinv10 nginx-1.19.6]# make install

make -f objs/Makefile install
```

```
make[1]：进入目录“/root/nginx-1.19.6”
test -d '/usr/local/nginx' || mkdir -p '/usr/local/nginx'
test -d '/usr/local/nginx/sbin' \
    || mkdir -p '/usr/local/nginx/sbin'
test ! -f '/usr/local/nginx/sbin/nginx' \
    || mv '/usr/local/nginx/sbin/nginx' \
        '/usr/local/nginx/sbin/nginx.old'
cp objs/nginx '/usr/local/nginx/sbin/nginx'
test -d '/usr/local/nginx/conf' \
    || mkdir -p '/usr/local/nginx/conf'
cp conf/koi-win '/usr/local/nginx/conf'
cp conf/koi-utf '/usr/local/nginx/conf'
cp conf/win-utf '/usr/local/nginx/conf'
test -f '/usr/local/nginx/conf/mime.types' \
    || cp conf/mime.types '/usr/local/nginx/conf'
cp conf/mime.types '/usr/local/nginx/conf/mime.types.default'
test -f '/usr/local/nginx/conf/fastcgi_params' \
    || cp conf/fastcgi_params '/usr/local/nginx/conf'
cp conf/fastcgi_params \
    '/usr/local/nginx/conf/fastcgi_params.default'
test -f '/usr/local/nginx/conf/fastcgi.conf' \
    || cp conf/fastcgi.conf '/usr/local/nginx/conf'
cp conf/fastcgi.conf '/usr/local/nginx/conf/fastcgi.conf.default'
test -f '/usr/local/nginx/conf/uwsgi_params' \
    || cp conf/uwsgi_params '/usr/local/nginx/conf'
cp conf/uwsgi_params \
    '/usr/local/nginx/conf/uwsgi_params.default'
test -f '/usr/local/nginx/conf/scgi_params' \
    || cp conf/scgi_params '/usr/local/nginx/conf'
cp conf/scgi_params \
    '/usr/local/nginx/conf/scgi_params.default'
test -f '/usr/local/nginx/conf/nginx.conf' \
    || cp conf/nginx.conf '/usr/local/nginx/conf/nginx.conf'
```

```
cp conf/nginx.conf '/usr/local/nginx/conf/nginx.conf.default'

test -d '/usr/local/nginx/logs' \
    || mkdir -p '/usr/local/nginx/logs'

test -d '/usr/local/nginx/logs' \
    || mkdir -p '/usr/local/nginx/logs'

test -d '/usr/local/nginx/html' \
    || cp -R html '/usr/local/nginx'

test -d '/usr/local/nginx/logs' \
    || mkdir -p '/usr/local/nginx/logs'

make[1]: 离开目录 "/root/nginx-1.19.6"

# 到此就把 nginx 安装到 /usr/local 目录下了，可以使用 ls 命令看看有没有东西

[root@kylinv10 nginx-1.19.6]# ls /usr/local/nginx/
conf  html  logs  sbin
```

9.3.5 验证

Nginx 源码包安装完毕，即可启动软件，通过 Nginx 主目录下的 Nginx 脚本程序启动服务，代码如下：

```
[root@kylinv10 nginx-1.19.6]# /usr/local/nginx/sbin/nginx
```

至此，Nginx 服务成功启动，代码如下：

```
[root@kylinv10 nginx-1.19.6]# lsof -i :80
COMMAND    PID    USER    FD    TYPE DEVICE SIZE/OFF NODE NAME
nginx    14835    root    9u   IPv4 188304      0t0  TCP *:http （LISTEN）
nginx    14836 nobody    9u   IPv4 188304      0t0  TCP *:http （LISTEN）
```

给 Nginx 管理用户 nobody 文件访问权限，代码如下：

```
[root@kylinv10 ~]# chown -R nobody /usr/local/nginx
```

第 **10** 章

服务与进程管理

在银河麒麟高级服务器操作系统 V10 中，有一些特殊程序启动后就会持续在后台执行，等待用户或者其他软件调用使用，这种程序被称为服务。例如，NTP 服务启动后会常驻后台，持续为用户计算机提供时间同步服务；Nginx 服务启动后会常驻后台，持续为用户提供 Web 服务，用户可以通过浏览器访问该 Nginx 提供的网站内容。

10.1 服务管理

systemd 是一个专门用于 Linux 内核操作系统的系统与服务管理器，管理系统的启动，一般包括服务启动和服务管理。systemd 可在系统引导时及运行中激活系统资源、启动服务守护进程和其他进程。

10.1.1 守护进程

守护进程是在执行各种任务的后台等待或运行的进程。一般情况下，守护进程在系统引导时自动启动并持续运行至关机或者被手动停止。许多守护进程的名称以字母 d 结尾，如 at 服务的守护进程为 atd（at daemon 的简写）。

systemd 功能强大，管理范围较广，包括日志记录守护程序、用户访问控制和系统基本配置（主机名设置、日期、区域设置、已登录用户和正在运行的容器、虚拟机的列表、系统账户、运行时目录和设置等）。系统启动后，systemd 作为第一个被执行的用户进程，pid 进程为 1，该进程不能由普通用户终止。

使用 systemd 的优势如下：

· 并行处理所有服务，缩短开机时间。

· 响应速度快，通过 systemctl 命令可以完成所有操作。

· 自动解决服务的依赖关系，类似于 apt。

· 方便记忆，按照类型对服务进行分类。

· 兼容 init。

10.1.2　systemd 应用管理

1. systemd 相关文件

- /usr/lib/systemd/system：服务的管理脚本，包含所有安装完成的服务设置文件。
- /run/systemd/system/：系统运行过程中的服务脚本，优先级高于上一个文件。
- /etc/systemd/system/：管理员手动建立的服务管理脚本，优先级最高。
- /etc/sysconfig/*：系统功能的默认设置。

2. systemctl 命令

systemctl 命令用于控制 systemd 系统和服务器管理。

systemctl 命令的语法如下：

```
systemctl [命令选项] 服务名称
```

systemctl 常见命令选项如表 10-1 所示。

表 10-1　systemctl 常见命令选项

命令选项	描　　述	命令选项	描　　述
start	启动服务	is-active	检查服务是否已经启动
stop	停止服务	enable	设置服务开机时启动
restart	重启服务（没启动的服务会启动）	disable	设置服务开机时不启动
try-restart	只重启正在运行的服务（没有运行则不启动）	is-enabled	查看服务是否开机自动启动
reload	重载配置文件（修改完服务的配置文件后使用）	mask	屏蔽一个服务
status	检查服务状态	unmask	取消屏蔽

3. systemctl 管理

使用 systemctl 命令查看系统 atd 服务状态，代码如下：

```
[root@kylinos-PC:~]# systemctl status atd
● atd.service - Deferred execution scheduler    #服务名称
    Loaded: loaded (/lib/systemd/system/atd.service; enabled; vendor
preset: enabled)
#服务开机时是否启动 enabled 为启动；disabled 为不启动
    Active: active (running) since Thu 2022-04-15 08:36:17 CST; 3h 17min ago
#服务当前的状态，active(running) 为运行
      Docs: man:atd(8)          #服务的帮助文档
   Main PID: 948 (atd)          #服务的主进程号
```

```
        Tasks: 1 (limit: 9435)        # 任务数量, 含进程 + 线程
        Memory: 2.4MB                  # 当前占用的内存
        CGroup: /system.slice/atd.service
                └─948 /usr/sbin/atd -f
```

使用 systemctl 命令设置 atd 服务开机启动，代码如下：

```
[root@kylinos-PC:~]# systemctl enable atd
```

使用 systemctl 命令设置 atd 服务开机不启动，代码如下：

```
[root@kylinos-PC:~]# systemctl disable atd
```

使用 systemctl 命令启动 atd 服务，代码如下：

```
[root@kylinos-PC:~]# systemctl start atd
```

使用 systemctl 命令关闭 atd 服务，代码如下：

```
[root@kylinos-PC:~]# systemctl stop atd
```

使用 systemctl 命令重启 atd 服务，代码如下：

```
[root@kylinos-PC:~]# systemctl restart atd
```

使用 systemctl 命令禁用 atd 服务，代码如下：

```
[root@kylinos-PC:~]# systemctl mask atd
```

系统开机默认运行模式是图形模式，也可以自定义设置。

- get-default 命令：查看开机运行模式。
- set-default 命令：设置开机运行模式。

常见开机运行模式如下：

- graphical.target：图形模式。
- multi-user.target：字符模式。
- rescue.target：救援模式。
- emergency.target：紧急模式，无法进入救援模式时使用。

使用 systemctl get-default 命令查看开机运行模式，代码如下：

```
[root@kylinos-PC:~]# systemctl get-default
graphical.target
```

使用 systemctl set-default 命令设置开机运行模式为字符模式（命令行模式），代码如下：

```
[root@kylinos-PC:~]# systemctl set-default
```

除可以使用上述方法设置和查看外，系统还提供了如下命令：

```
[root@kylinos-PC:~]# systemctl poweroff          #关机
[root@kylinos-PC:~]# systemctl reboot            #重启
[root@kylinos-PC:~]# systemctl suspend           #挂起
[root@kylinos-PC:~]# systemctl hibernate         #休眠
[root@kylinos-PC:~]# ystemctl rescue             #进入救援模式
[root@kylinos-PC:~]# systemctl emergency         #进入紧急模式
```

4. 服务管理文件详解

服务管理文件默认存储在系统的 /usr/lib/systemd/system 目录中，此目录根据文件扩展名的不同分为不同类型的对象文件。

*.service：服务单元，代表系统服务，这种单元用于启动经常访问的守护进程。

*.socket：套接字单元，代表 systemd 应监控的进程间通信（IPC）套接字。如果客户端连接套接字，systemd 将启动一个守护进程并将连接传递给它。套接字单元用于延迟系统启动时的服务启动，或者按需启动不常用的服务。

*.path：路径单元，代表将服务器的激活推迟到特定文件系统更改发生之后。通常，是用户使用假脱机目录的服务，如打印机。

*.target：系统服务单元，定义了服务的管理方式，通过该文件用户可以自定义服务的管理。

服务管理文件内容分为 Unit、Service、Install 三部分。例如，查看 at 服务管理文件 atd.service 文件内容，代码如下：

```
[root@kylinos-PC:~]# cat /usr/lib/systemd/system/atd.service
[Unit]
Description=Deferred execution scheduler
Documentation=man:atd(8)
After=remote-fs.target nss-user-lookup.target

[Service]
ExecStartPre=-find /var/spool/cron/atjobs -type f -name "=*" -not -newercc
/run/systemd -delete
ExecStart=/usr/sbin/atd -f
IgnoreSIGPIPE=false
KillMode=process
Restart=on-failure
```

```
[Install]

WantedBy=multi-user.target
```

Unit 部分记录文件的通用信息，如表 10-2 所示。

表 10-2　通用信息

指　　令	描　　述
Description	对 service 的描述
Documentation	进一步查询的相关信息
Wants	与当前服务单元存在"弱依赖"关系的单元，不会因为这些服务单元启动失败而影响本服务单元的正常运行
After	在哪些单元之后启动此单元
Befor	在哪些单元之前启动此单元
Requires	与当前服务单元存在"强依赖"关系的单元，这些服务单元启动失败会影响本服务单元的正常启动
Conflicts	哪些单元与此单元冲突

Service 记录服务的信息，如表 10-3 所示。

表 10-3　服务信息

指　　令	描　　述
Type	启动时，相关进程的行为。 • simple：默认值。 • oneshot：一次性进程，systemd 会等待当前服务结束，再继续执行。 • notify：启动完毕后通知 systemd。 • idle：所有其他任务执行完毕后，此服务才会运行
EnviromentFile	指定环境变量配置文件
Enviroment	指定环境变量
ExecStart	启动当前服务执行的命令
ExecStartPre	启动当前服务之前执行的命令
ExecStartPost	启动当前服务之后执行的命令
ExecStop	停止当前服务执行的命令
ExecStopPost	停止当前服务后执行的命令
ExecReload	重新加载服务的配置文件执行的命令
Restart	服务正常退出、异常退出、被杀死、超时时是否重启，常用值有如下 3 个： • no：不重启。 • always：无条件重启。 • on-failure：异常退出时重启
RestartSec	自动重启服务的间隔时间
RemainAfterExit	此服务的进程全部退出之后，是否依然将服务的状态视为 active 状态
TimeoutSec	定义服务启动或停止的超时时间
KillMode	服务停止时，杀死进程的方法

Install 记录安装、启动等相关信息，如表 10-4 所示。

表 10-4　Install 安装信息

指　　令	描　　述
WantedBy	此服务所在的系统运行模式。例如，multi-user.target，当执行 systemctl enabled dhcpd 时，dhcpd.service 的链接会放在 /etc/systemd/system/multi-user.target.wants/ 中
Alias	定义别名

10.2　进程管理

进程（Process）是一个程序在其自身的虚拟地址空间中的一次执行活动。之所以要创建进程，是为了使多个程序可以并发执行，从而提高系统的资源利用率和吞吐量。简单来说，进程就是一个程序的执行活动。

程序只是一个静态的指令集合。进程是一个程序的动态执行过程，具有生命周期，是动态地产生和消亡的。

进程是资源申请、调度和独立运行的单位，因此，它使用系统中的运行资源。程序不能申请系统资源、不能被系统调度，也不能作为独立运行的单位，因此，它不占用系统的运行资源。

程序和进程无一一对应的关系。一方面，一个程序可以被多个进程共用，即一个程序在运行过程中可以产生多个进程；另一方面，一个进程在生命期内可以顺序执行若干个程序。

在银河麒麟高级服务器操作系统 V10 中，进程管理可以使用 ps 命令和 top 命令查看进程。ps 命令查看系统上一秒的进程状态，是静态进程管理命令；top 命令动态显示系统进程列表。

10.2.1　ps 命令

ps 命令用于输出当前进程列表，属于静态列表。

ps 命令的语法如下：

```
ps [选项] [进程名 / 进程编号]
```

表 10-5 所示为 ps 命令常用选项。

表 10-5　ps 命令常用选项

选　项	描　　述	选　项	描　　述
-A	所有进程，等同于 -ax	-l	长格式
-a	显示所有进程（与终端有关的除外）	-f	完整输出
-x	与参数 a 一起使用，等同于 -A	-t	从指定终端启动的进程
-u	显示指定用户的进程	-C	执行指定命令的进程

使用 ps 命令显示系统进程列表，代码如下：

```
[root@kylinos-PC:~]# ps aux

USER  PID  %CPU  %MEM  VSZ      RSS    TTY  STAT  START TIME COMMAND

root  1    0.2   0.1   168892   12708  ?    Ss    13:09 0:04 /sbin/init splash

root  2    0.0   0.0   0        0 ?    S    13:09 0:00 [kthreadd]

root  3    0.0   0.0   0        0 ?    I<   13:09 0:00 [rcu_gp]

root  4    0.0   0.0   0        0 ?    I<   13:09 0:00 [rcu_par_gp]

......
```

表 10-6 所示为 ps 字段说明。

表 10-6　ps 字段说明

字　段	描　述	字　段	描　述
USER	开启进程的用户	STAT	开启终端进程的状态。 R= 运行。 S= 睡眠，可被唤醒。 D= 睡眠，不可被唤醒（资源不足引起）。 T= 停止。 Z= 僵尸进程
PID	进程的识别号		
%CPU	进程的 CPU 占用率		
%MEM	进程的物理内存占用率		
VSZ	虚拟内存用量，单位为 KB	START	开启时间
RSS	物理内存占用量，单位为 KB	TIME	CPU 占用时间
TTY	开启终端	COMMAND	执行具体内容

表 10-6 中 COMMAND 字段中带中括号的代表内核级进程；用户无法结束，不带中括号的进程代表用户进程可以调整进程的优先级。

10.2.2　top 命令

top 命令用于显示进程（动态显示）。

top 命令的语法如下：

```
top [ 选项 ] [ 进程名 / 进程编号 ]
```

表 10-7 所示为 top 命令常用选项。

表 10-7　top 命令常用选项

选　项	描　述
-d	指定两次刷新的时间间隔，默认是 3 秒
-p	后面跟进程号，查看指定进程的状态，最多 20 个 PID
-n	刷新指定次数后退出
-b	批量模式，可以让 top 将内容输出到指定的位置

使用 top 命令显示进程列表，代码如下：

```
[root@kylinos-PC:~]# top
top - 13:56:31 up 47 min, 1 user, load average: 0.00, 0.00, 0.00
任务 : 258 total, 1 running, 255 sleeping, 0 stopped, 2 zombie
%Cpu(s): 0.9 us, 0.3 sy, 0.0 ni, 98.3 id, 0.3 wa, 0.0 hi, 0.1 si, 0.0 st
MiB Mem : 7930.9 total, 6425.3 free, 564.5 used, 938.2 buff/cache
MiB Swap: 4683.0 total, 4683.0 free, 0.0 used. 7095.5 avail Mem

进程号 USER       PR  NI    VIRT    RES   SHR S %CPU %MEM   TIME+ COMMAND
 2640 kylinos  20   0  112792  49020 25072 S  3.3  0.6 0:03.12 python3
  973 root     20   0 2695644  85800 35928 S  1.0  1.1 0:23.73 qaxsafed
   11 root     20   0       0      0     0 I  0.3  0.0 0:03.17 rcu_sched
  893 root     20   0  248524 116084 86112 S  0.3  1.4 0:02.63 kylin-update-ma
  939 root     20   0    7616   3584  2836 S  0.3  0.0 0:00.56 yhkydefenderd
 1199 root     20   0 1117156  46116 25744 S  0.3  0.6 0:03.47 containerd
 1523 root     20   0  161652  13544 11040 S  0.3  0.2 0:05.22 vmtoolsd
 3001 kylinos  20   0   12492   4060  3292 R  0.3  0.0 0:00.02 top
    1 root     20   0  168892  12708  8332 S  0.0  0.2 0:03.68 systemd
    2 root     20   0       0      0     0 S  0.0  0.0 0:00.01 kthreadd
    3 root      0 -20       0      0     0 I  0.0  0.0 0:00.00 rcu_gp
    4 root      0 -20       0      0     0 I  0.0  0.0 0:00.00 rcu_par_gp
......
```

输出结果解释说明：

第一行：系统当前状态。

当前时间为 13:56:31；系统一共开机 47 分钟；

当前有 1 个用户登录；系统在 1、5、15 分钟的系统平均负载越小表示系统越空闲。

第二行：系统中进程的统计信息。

进程总计 258 个；

1 个运行进程；

255 睡眠进程；

0 个停止进程；

2 个僵尸进程。

第三行：CPU 负载。

按键盘上的【1】键可以按照 CPU 核心数显示。

us：用户空间进程占用 CPU 时间百分比；

sy：内核进程占用 CPU 时间百分比；

ni：用户空间内改变过优先级的进程占用 CPU 时间百分比；

id：空闲 CPU 时间百分比（100% 表示系统完全空闲）；

wa：I/O 等待占用的 CPU 时间百分比；

hi：硬件中断占用 CPU 时间百分比；

si：软件中断占用 CPU 时间百分比；

st：虚拟化 hypervisor 从当前虚拟机偷走的时间。

第四行：物理内存信息。

内存总计：7930.9MB；

空闲内存： 6425.3MB；

使用内存：564.5MB；

buff&cache 缓存使用：938.2MB。

第五行：交互空间 swap 使用信息。

swap 空间容量：4683MB；

空闲空间：4683MB；

使用空间：0MB；

可用内存总量：7095.5MB。

系统进程的信息。

PID：进程 ID。

USER：进程所有者。

PR：进程实际优先级。

NI：nice 值，即调度进程优先级的修正值。负数表示高优先级，正数表示低优先级。

VIRT：虚拟内存使用量，单位为 KB。

RES：进程使用的、未被换出的物理内存大小，单位为 KB。

SHR：进程使用共享内存大小，单位为 KB。

S：进程状态。

%CPU：进程对 CPU 的使用率。

%MEM：进程对内存的使用率。

TIME+：进程使用 CPU 时间总结，单位秒。

COMMAND：命令。

10.2.3　进程优先级设置

查看进程的时候看到两个参数，一个是 PRI，另一个是 NI，这两个字段用来控制进程的优先级，而优先级又决定了 CPU 先处理谁的数据、后处理谁的数据。下面介绍如何调整进程的优先级。

银河麒麟高级服务器操作系统 V10 当中的每个程序都有一个优先级，也就是 PRI，这个数值越小，代表优先级越高。PRI 是由内核控制的，用户无法更改，用户如果想调整程序的优先级，只能调整 NI 的值，银河麒麟高级服务器操作系统 V10 中优先级的算法如下：新的优先级 = 旧的优先级 +NI 的值。以 bash 进程为例，PRI 是 80，并且假定内核不会动态调整这个值，如果将 NI 值更改为 -10 的话，新的 PRI 的值就是 70，数值变小，意味着这个进程的优先级提高了。但是如果内核在这个过程中动态调整了，最终的值就不确定了。

这个 NI 的值都可以设置成多少呢？

- root 用户：可以设置成 -20 ～ 19。
- 普通用户：可以设置成 0 ～ 19。

1. nice 命令

nice 命令用于指定新执行的进程的优先级。

nice 命令的语法如下：

```
nice [选项] [参数] 进程名 / 进程编号
```

表 10-8 所示为 nice 命令常用选项。

表 10-8 nice 命令常用选项

选　项	描　述
-n	指定一个整数 N，默认是 10

使用 nice 命令为 script.sh 指定优先级为 -10，代码如下：

```
[root@kylinos-PC:~]# nice -n -10 ~/script.sh
```

查看 script.sh 程序的优先级，代码如下：

```
[root@kylinos-PC:~]# top -b -n1
进程号 USER     PR   NI   VIRT   RES   SHR  %CPU   %MEM    TIME+   COMMAND
3842  kylinos  20    0  12508  4008  3292    R   0.0    0.0   0:00.00 top
3809  root     20    0  14892  5220  4548    S   0.0    0.1   0:00.00 sudo
3814  root     10  -10  10148  3744  3300    S   0.0    0.0   0:00.01 script.sh
```

可以看出，script.sh 程序的 PRI 为 10，NI 为 -10。

2. renice 命令

renice 命令用于修改运行进程的优先级。

renice 命令的语法如下：

```
renice [选项] 进程编号
```

表 10-9 所示为 renice 命令常用选项。

表 10-9　renice 命令常用选项

选　项	描　述
-n	指定一个整数 N

使用 ps 命令显示 bash 进程默认优先级，实际优先级 PRI 为 90，优先级修正值 NI 为 10，代码如下：

```
[root@kylinos-PC:~]# ps -l

F S  UID   PID   PPID  C  PRI  NI A DDR SZ WCHAN  TTY    TIME CMD

0 S  1000  2048  2045  0  90   10 -  2769 do_wai pts/0  00:00:00 bash

0 R  1000  2384  2048  0  90   10 -  2972 -      pts/0  00:00:00 ps
```

调整 bash 进程优先级修正值为 -10，代码如下：

```
[root@kylinos-PC:~]# renice -n -10 2048

2048 (process ID) 旧优先级为 10，新优先级为 -10
```

使用 renice 命令为 bash 进程调整优先级修正值为 -10 后，打印调整后的 bash 进程优先级，代码如下：

```
[root@kylinos-PC:~]# ps -l

F S  UID   PID   PPID C PRI NI  ADDR SZ WCHAN  TTY    TIME CMD

0 S  1000  2048  2045 0 70  -10 - 2769 do_wai pts/0  00:00:00 bash

0 R  1000  2394  2048 0 70  -10 - 2972 -      pts/0  00:00:00 ps
```

可以看到 bash 进程的 PRI 实际优先级为 70，优先级修正值 NI 为 -10。

第 **11** 章

计划任务与日志管理

在日常业务及系统管理中，用户会根据需求会对系统下达一些一次性执行或重复性执行的定时任务，系统会根据时间触发定时任务并执行，通过定时任务可以简化用户工作量，提升工作效率。在银河麒麟高级服务器操作系统中用户可以通过 at 与 crontab 命令实现定时任务的管理。

at 是一个可以处理仅执行一次就结束工作的命令，如果希望某个任务定时执行一次后不再重复，则可以使用 at 命令来定制一次性任务。

crontab 命令所设定的工作会按照一定的周期去执行，是重复性的任务。可循环的时间为分钟、小时、日期、每周、每月等。crontab 命令除可以使用命令执行外，还可以通过编辑 /etc/crontab 文件来设置周期计划任务。

计划任务常用场景如下：

· 日志切割。

· 文件备份。

· 数据备份。

· 定期清理系统垃圾。

· 定期扫描系统病毒。

11.1 at 计划任务

默认情况下，所有用户都可以使用 at 命令进行任务定制，但出于安全考虑，不能允许所有人都可以使用 at 计划任务，系统提供了 /etc/at.deny 文件来进行 at 的使用限制，管理员可以将不希望使用 at 计划任务的用户名写入该文件。

如果希望在银河麒麟高级服务器操作系统 V10 通过 at 命令完成定时任务，需要一个名为 atd 的服务支持，所以，首先要确认该服务是否已经开启，代码如下：

```
[root@kylinos-PC:~]# systemctl status atd.service
● atd.service - Deferred execution scheduler
      Loaded: loaded (/lib/systemd/system/atd.service; enabled; vendor
preset: enabled)
      Active: active (running) since Thu 2022-04-15 08:36:17 CST; 46min
ago
   # Active: active (running)  服务已经启动
        Docs: man:atd(8)
   Main PID: 948 (atd)
       Tasks: 1 (limit: 9435)
      Memory: 2.3M
      CGroup: /system.slice/atd.service
              └─948 /usr/sbin/atd -f
```

如果该服务没有启动，可以通过以下命令启动：

```
# 开机启动 atd 服务
[root@kylinos-PC:~]# systemctl enable atd
# 启动 atd 服务
[root@kylinos-PC:~]# systemctl start atd
```

11.1.1　at 命令

at 命令的语法如下：

```
at [选项] 执行时间
```

表 11-1 所示为 at 常用命令选项。

表 11-1　at 常用命令选项

选　项	描　　述	选　项	描　　述
-m	当 at 的工作完成后，发邮件通知用户，需要 mail 服务	-v	详细信息
-l	at -l 相当于 atq，查看用户使用 at 定制的工作	-c	查看指定工作的具体内容
-d	at -d 相当于 atrm，删除一个工作		

表 11-2 所示为时间格式。

表 11-2　时间格式

时间格式	举　例
HH:MM	15:00
HH:MM YYYY-MM-DD	15:30 2022-07-30
HH:MM[am|pm] [Month] [Date]	03pm Jun 15
HH:MM[am|pm] + number [minutes|hours|days|weeks]	now + 10minutes 10 分钟后执行

打印当前时间，通过该时间来理解 at 命令，代码如下：

```
[root@kylinos-PC:~]# date
2022 年 04 月 15 日 星期四 09:40:58 CST
```

使用 at 命令定义在 10:00 执行 echo "kylinos.cn" >> /tmp/text 任务，具体的执行任务需要通过屏幕交互编写，代码如下：

```
[root@kylinos-PC:~]# at 10:00
warning: commands will be executed using /bin/sh
at> echo "kylinos.cn" >> /tmp/text
at> <EOT>
job 6 at Thu Apr 15 10:00:00 2022
```

任务定制完成后按【Ctrl+D】组合键退出计划任务编写界面，<EOT> 就是该快捷键产生的符号，不是手动输入的。

使用 at 命令定义在 2022 年 5 月 1 日 11:00 执行 echo "2022-05-01" >> /tmp/text 任务，代码如下：

```
[root@kylinos-PC:~]# at 11:00 2022-05-01
warning: commands will be executed using /bin/sh
at> echo "2022-05-01" >> /tmp/text
at> <EOT>
job 7 at Sat May  1 11:00:00 2022
```

使用 at 命令定义在一周后的当前时间执行 echo "kylinos" >> /tmp/text 任务，代码如下：

```
[root@kylinos-PC:~]# at now+1weeks
warning: commands will be executed using /bin/sh
at> echo "kylinos" >> /tmp/text
at> <EOT>
job 8 at Thu Apr 22 09:40:00 2022
```

11.1.2 atq 命令

atq 命令可以查看用户未执行的一次性任务，代码如下：

```
[root@kylinos-PC:~]# atq
7  Sat May  1 11:00:00 2022 a kylinos
8  Thu Apr 22 09:40:00 2022 a kylinos
6  Thu Apr 15 10:00:00 2022 a kylinos
```

第一列数字是任务 id 号；第二列是星期；第三列是月；第四列是日；第五列是时间；第六列是年；第七列是计划任务的类别；第八列是哪个用户下达的任务。

11.1.3　atrm 命令

atrm 命令用于删除 at 定义的任务。

atrm 命令的语法如下：

```
atrm 任务id
```

举例如下：

```
[root@kylinos-PC:~]# atrm 8
[root@kylinos-PC:~]# atq
7  Sat May  1 11:00:00 2022 a kylinos
6  Thu Apr 15 10:00:00 2022 a kylinos
```

11.2　crond 计划任务

crond 服务提供了周期性、重复性计划任务，crond 服务提供了一个用户计划任务管理命令 crontab。通过 crontab 命令可以定义周期性的计划任务。

11.2.1　crontab 命令

crontab 命令用于定义用户计划任务。

crontab 命令的语法如下：

```
crontab [选项] [参数]
```

crontab 命令常见选项如表 11-3 所示。

表 11-3　crontab 命令常见选项

选　　项	描　　述
-u	只有 root 可以使用，此选项为指定用户安排计划任务
-e	建立计划任务
-l	查看计划任务
-r	删除所有计划任务，若只删除一项，只能使用 -e 进行编辑

使用 crontab 命令为 kylinos 用户定义一个计划任务，要求每天 10 点将系统时间输出到用户主目录下的 text 文件，代码如下：

```
[root@kylinos-PC:~]# crontab -u kylinos -e
0 10 * * * date >> /home/kylinos/text
```

11.2.2 crontab 时间格式

表 11-4 所示为 crontab 计划任务格式。

表 11-4 crontab 计划任务格式

意义	分钟	小时	日期	月份	周	命令
范围	0～59	0～23	1～31	1～12	0～7	工作内容

表 11-4 中的数字也可以用 * 替换，* 代表每的意思，在小时位代表每小时，在日期位代表每日，周的数字为 0 或 7 时，都代表星期日的意思。另外，还有一些辅助的字符，常见的字符如表 11-5 所示。

表 11-5 时间符号

特殊字符	含　义
*（星号）	代表任何时刻
,（逗号）	代表分隔时段的意思。如 3:00 与 6:00 时，就是 0 3, 6 * * *
-（减号）	代表一段时间范围内，如 8 点到 12 点的整点 20 分都进行一项工作，就是 20 8-12 * * *
/n（斜线）	n 代表数字，间隔的单位的意思，如每 5 分钟进行一次，就是 */5 * * * *

查看用户计划任务，代码如下：

```
[root@kylinos-PC:~]# crontab -u kylinos -l
0 10 * * * date >> /home/kylinos/text
```

删除计划任务，代码如下：

```
[root@kylinos-PC:~]# crontab -u kylinos -r
```

-r 选项会将该用户的计划任务全部删除，如果想删除某一个任务，可使用"crontab -u 用户 -e"命令进入文件，手动删除。

11.3 日志管理

程序在前台执行时，可以通过标准输出（Standard Output，stdout）与标准错误输出（Standard Error Output，stderr）来输送信息，这样用户就可以了解该程序执行时发生了什么状况。但是对于在后台执行的服务程序或者系统内核本身来说，就没有办法这样做了。服务与内核启动后，会切断与终端机（Terminal）或控制台（Console）的联机，如此一来，即使有信息通过标准输出、标准错误输出传送出去，用户也未必能从屏幕上看到信息。更何况，用户根本不可能全天候在计算机前面盯着屏幕上显示的信息。为了让管理者可以随时监控服务所产生的信息，银河麒麟高级服务器操作系统 V10 提供了一个日志服务，该服务可以收集任何服务传递过来的信息，存储成为日志文件（Log File）或直接传送给某些用户，也可以传送到其他计算机的系统日志服务。

11.3.1　日志的作用

1. 系统方面的问题

系统长时间运行，可能会出现一些软件或硬件方面的问题，这些问题都会记录到日志文件中，可以通过查看相应的日志文件找出问题所在。

2. 网络服务的问题

网络服务在运行过程中产生的信息都会记录到日志文件中，一旦服务出现问题，就无法正常运行，可以通过查看相应的日志文件了解服务出现了什么问题。

3. 历史事件查询

由于日志服务每天都会将系统运行的信息保存到日志文件当中，所以，可以通过日志信息去追溯之前的系统运行状况。

系统日志一般存放在 /var/log 目录中，用户可以通过文本编辑器或者命令对文件进行查看或者检索。

常见的系统日志文件有如下几种：

/var/log/secure.log：记录有关授权方面的信息。

/var/log/boot.log：记录系统启动时的日志信息。

/var/log/messages：几乎所有的报错信息都会被记录在这个文件中。记录除关于授权信息的所有日志信息。

/var/log/Xorg：记录 X Windows 启动时产生的日志信息。

/var/log/wtmp（btmp）：记录正确（错误）登录系统的账户信息。

11.3.2　logrotate 日志切割工具

日志记录了程序运行的各种信息，通过日志可以分析用户行为记录运行轨迹、查找程序问题，但磁盘是有限的，因此，需要记录最新一段时间发生的事件，这就需要 logrotate 完成日志的切割，定期清理旧日志，保留最新的日志记录。

logrotate 是基于 crond 运行的，其脚本是 /etc/cron.daily/logrotate，日志轮转是系统自动完成的。 实际运行时，logrotate 会调用配置文件 /etc/logrotate.conf 中的相关参数完成日志切割。如果有服务需要特殊切割方法，则可以读取 /etc/logrotate.d 目录中自定义设置的配置文件，用来覆盖 logrotate 的默认值。

logrotate 命令的语法如下：

```
logrotate [选项] <日志配置文件>
```

-d, --debug：debug 模式，测试配置文件是否有错误。

-f, --force：强制转储文件。

-m, --mail=command：压缩日志后，发送日志到指定邮箱。

-s, --state=statefile：使用指定的状态文件。

-v, --verbose：显示转储过程。

表 11-6 所示为 logrotate 配置参数。

表 11-6　logrotate 配置参数

配置参数	描　述
weekly	每周进行一次切割
su root syslog	定义切割后的文件的用户、用户组
rotate 4	切割结果保留的数目
create	创建一个新的空文件
dateext	切割后的文件扩展名以日期格式显示
include /etc/logrotate.d	引用 /etc/logrotate.d 目录下的配置

自定义配置 logrotate 完成 Nginx 日志文件切割，代码如下：

```
[root@kylinos-pc ~]# vim /etc/logrotate.d/nginx
/var/log/nginx/*.log {
daily
rotate 7
missingok
notifempty
compress
dateext
sharedscripts
postrotate
    if [ -f /usr/local/nginx/logs/nginx.pid ]; then
        kill -USR1 `cat /usr/local/nginx/logs/nginx.pid`
    fi
endscript
}
```

可以看到 Nginx 服务的日志记录，每天切割更新一次；日志记录保留 7 次记录；丢失的日志记录不报错，继续滚动下一个日志；当日志记录为空时，不进行新的日志切割；切割后的日志记录进行 gzip 压缩；所有日志切割产生的日志记录扩展名以日期命名。

logrotate -f 命令可按照自定义配置文件参数手动强制执行 Nginx 日志记录切割，代码如下：

```
[root@kylinos-pc ~]# logrotate  -f   /etc/logrotate.d/nginx
[root@kylinos-pc ~]# ls -l   /var/log/nginx
-rw-rw-r-- 1 nginx root 800  6月30  11:34  access.log-20220701.gz
```

系统启动流程

计算机是软件与硬件的复杂组合，从接通电源开始，到可以登录到系统中，需要大量的软件和硬件的配合。本章介绍银河麒麟高级服务器操作系统启动过程中所涉及的流程。

1. 开机自检

接通电源，系统固件（UEFI 或 BIOS 初始化）运行开机自检，并初始化部分硬件。

2. 启动设备

启动设备是 UEFI 启动固件中配置的，也可以按照 BIOS 中配置的顺序搜索所有磁盘上的主引导记录（MBR），本节以 BIOS 引导启动流程为例进行介绍。

3. 启动管理器 Boot Loader

系统固件会从 MBR 中读取 Boot Loader，然后将控制权交给 Boot Loader，在银河麒麟高级服务器操作系统中 Boot Loader 为 GRUB2。

GRUB2 将从 grub.cfg 文件中加载配置并显示一个菜单，在这个菜单中可以选择要启动的内核，用户通过查看 /boot 目录可以看到 GRUB2 启动系统时所需要的内核及相关文件。

```
[root@kylinos ~]# cd /boot
[root@kylinos boot]# ls
config-4.19.90-24.4.v2101.ky10.x86_64
dracut
efi
grub2
initramfs-0-rescue-b5f9ca0659d24a7897fae4289a3c922b.img
initramfs-4.19.90-24.4.v2101.ky10.x86_64.img
initramfs-4.19.90-24.4.v2101.ky10.x86_64kdump.img
loader
```

```
symvers-4.19.90-24.4.v2101.ky10.x86_64.gz
System.map-4.19.90-24.4.v2101.ky10.x86_64
vmlinuz-0-rescue-b5f9ca0659d24a7897fae4289a3c922b
vmlinuz-4.19.90-24.4.v2101.ky10.x86_64
```

4. 内核加载

内核选择完毕，启动管理器会从磁盘加载内核（vmlinuz）和 initramfs，并将它们放入内存中。initramfs 中包含启动时所有必要硬件的内核模块（驱动）和初始化脚本等，使用 lsinitrd 命令可以查看和配置 initramfs 文件，代码如下：

```
[root@kylinos grub2]# lsinitrd | more
Image: /boot/initramfs-4.19.90-24.4.v2101.ky10.x86_64.img:47M## 可以在回显中
看到系统的主要目录，包括 /etc /usr /dev /lib /lib64 等
```

5. 内核初始化

启动加载器将控制权交给内核，内核会在 initramfs 中寻找硬件的相关驱动并初始化相关硬件，然后启动 /sbin/init（PID=1），在银河麒麟高级服务器操作系统中 /sbin/init 是 systemd 的链接文件，代码如下：

```
[root@kylinos grub2]# ll /sbin/init
lrwxrwxrwx. 1 root root 22 5月 23 2022 /sbin/init -> ../lib/systemd/systemd
```

systemd 会执行 initrd.target 目标中包含的所有单元，并将根文件系统挂载到 /sysroot/ 目录，各单元会按照 /etc/fstab 文件中的设置对硬盘进行挂载。

6. 运行 systemd

硬盘上安装的 systemd 会查找从内核命令行传递的系统目标 target 或是系统中配置的默认目标，并启动对应单元后，就可以进入对应的登录界面。系统启动流程如图 12-1 所示。

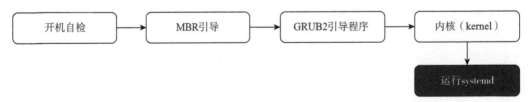

图 12-1　系统启动流程

12.1 BIOS 与 UEFI

BIOS 和 UEFI 都是计算机的固件，它们的作用是初始化计算机硬件，并加载操作系统。它们之间的主要区别如下。

（1）开发语言：BIOS 采用 16 位汇编，UEFI 采用 32 位或 64 位高级语言程序（C 语言程序）。

（2）启动方式：BIOS 启动时使用 MBR，而 UEFI 使用 GPT。

（3）容量限制：BIOS 的容量限制为 2TB，而 UEFI 可以支持更大的硬盘容量。

12.1.1 BIOS

BIOS（Basic Input Output System，基本输入输出系统）是一种业界标准的固件接口，第一次出现在 1975 年，是计算机启动时加载的第一个程序，主要功能是检测和设置计算机硬件，引导系统启动。

BIOS 初始化时采用 legacy 传统启动模式 MBR 分区表启动，系统在开机的时候会主动去读取 MBR 的内容，这样系统才会知道程序的位置及如何开机。把包含 MBR 引导代码的分区称为主引导分区。其占用一个扇区，即 512B，分为如下 3 部分。

- 主引导程序：在系统启动时装载 boot.img 的程序，共占用 446B。
- 磁盘分区表：简称 DPT，其保存磁盘的分区情况，由 4 个分区表项构成，每个分区表项为 16B，共 64B。
- 结束标志：值为 55AA。

图 12-2 所示为 BIOS 初始化步骤。

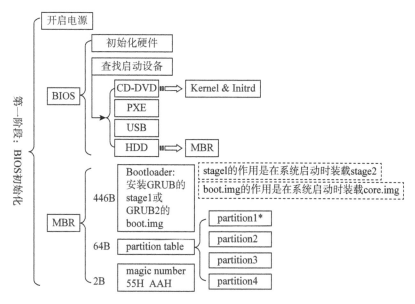

图 12-2 BIOS 初始化步骤

12.1.2　UEFI

UEFI（Unified Extensible Firmware Interface，统一可扩展固件接口）是BIOS的替代方案，其前身是Intel在1998年开发的Inter Bot Initiative，后来被命名为EFI（Extensible Firmware Interface，可扩展固件接口），2005年交由统一可扩展固件接口论坛，并更名为UEFI。

UEFI 的优势如下：

（1）支持硬盘容量更大：与传统 BIOS+MBR 只能支持 2048GB 的硬盘分区和 4 个主分区相比，UEFI+GPT 不会受到硬盘容量大小、分区数量的限制。不过在 Windows 系统中由于系统的限制，支持最多 128 个 GPT 磁盘分区，最大分区为 18EB，并且 GPT 格式是没有主分区和逻辑分区这个概念的。

（2）容错特性：UEFI 是模块化构建，比 BIOS 容错和纠错特性强。

（3）鼠标操作：UEFI 内置图形驱动，可以提供原生分辨率的图形环境，用户进入后可以使用鼠标调整。

（4）扩展性强：UEFI 包含一个可编程的开放接口，厂商利用这个接口可以对功能进行扩展，如备份和诊断。

（5）支持连网：在不进入操作系统的前提下就可以通过网络进行远程故障诊断。

使用 UEFI 启动模式下安装的银河麒麟高级服务器操作系统，会比传统 legacy 启动模式多一个名为 ESP（EFI 系统分区）的分区。ESP 对 UEFI 启动模式很重要，该分区用来存储操作系统的 bootloader 和 EFI 驱动程序等数据。并且 UEFI 的引导程序是以扩展名为 .efi 的文件存放在 ESP 分区中。ESP 分区采用 FAT32 文件系统。银河麒麟高级服务器操作系统直接将 ESP 这个分区挂载到 /boot/efi，直接用文件夹浏览器进去就可以看到各种 .efi 文件了。

12.2　启动管理器 Boot Loader

Boot Loader 是计算机系统启动过程中的一个关键组件，它负责加载操作系统内核并将控制权交给内核。Boot Loader 一般被存储在磁盘上，在计算机启动时被读取到内存中执行。银河麒麟高级服务器操作系统中使用的启动管理器是 GRUB2。

12.2.1　Boot Loader

Boot Loader 的加载过程通常分为以下几个阶段：

BIOS/UEFI 阶段：在计算机启动时，BIOS/UEFI 固件会执行一些自检和初始化操作，然后从启动设备（通常是硬盘、光盘或 USB 存储器）的特定扇区（通常是 MBR 或 GPT 分区中的一个）中加载 Boot Loader。

Boot Loader 阶段：一旦 BIOS/UEFI 找到了 Boot Loader，它就会被加载到内存中执行。

Boot Loader 一般会检测计算机上已安装的操作系统，并提供一个菜单供用户选择要启动的操作系统。

内核加载阶段：一旦用户选择了要启动的操作系统，Boot Loader 就会加载该操作系统的内核文件到内存中，并将控制权交给内核，由内核接管系统的运行。

12.2.2　GRUB2

到目前为止，Linux 系统下的启动加载器有两种：一种是 LILO，另一种是 GRUB。由于 GRUB 的功能更强大，支持的文件系统较多，所以，越来越多的操作系统使用 GRUB 作为 Boot Loader。银河麒麟高级服务器操作系统使用了功能更为强大的 GRUB2。

1. GRUB2 的优点

GRUB2 的优点如下：

- 支持更多的文件系统。
- 开机时可以手动调整启动参数。
- 动态更新配置文件，修改完配置文件后不需要重新安装。

2. GRUB2 与硬盘

由于 GRUB2 的主要任务是从硬盘当中加载内核，所以，GRUB2 必须识别硬盘，但是 GRUB2 识别硬盘的方式与系统识别的方式还是有些区别的。在银河麒麟高级服务器操作系统中，硬盘一般会被识别为类似 sda1 这种形式，而在 GRUB2 中，硬盘会统一被识别为 hd 的设备，排序方式全部是用数字进行排序，而不是用字母加数字的混合形式。这么做的目的是定义 GRUB2 查找内核时的顺序，例如：

hd0，1　　　　搜索第一块硬盘的第一个分区

hd0，msdos1　　搜索第一块 MBR 硬盘的第一个分区

hd0，gpt1　　　搜索第一块 GPT 磁盘的第一个分区

其中，第一个数字表示硬盘序号，第二个数字表示分区序号。

了解 GRUB2 中的硬盘识别方式，需要了解 GRUB2 的配置文件，不要随意更改这个文件。GRUB2 的配置文件是由 grub2-mkconfig 命令自动建立的，相关模板与设置存放在 /etc/grub.d/ 目录及 /etc/default/grub 中，也就是说，grub.cfg 文件的内容会调用 /etc/grub.d 目录下的内容，如果需要修改的话，需要调整 /etc/default/grub 文件并配合 grub2-mkconfig 命令来生成新的 grub.cfg 文件。/etc/default/grub 文件内容如下：

```
GRUB_TIMEOUT=5   #定义在启动菜单默认的等待时间，单位是秒
GRUB_DISTRIBUTOR="$(sed 's, release .*$,, g' /etc/system-release)"
```

```
#定义获取操作系统名称的方式
GRUB_DEFAULT=saved  #定义开机时默认启动的项目，可以是数字，也可以是标题名称（这个标
题就是开机时看到的那个标题），还可以是 saved（表示默认启动上次启动成功的操作系统）
GRUB_DISABLE_SUBMENU=true  #是否隐藏子菜单
GRUB_TERMINAL_OUTPUT="console"  #定义启动时的界面使用哪种终端输出值，包含 console、
serial、gfxterm、vga_text 等
GRUB_CMDLINE_LINUX="resume=/dev/mapper/cl-swap rd.lvm.lv=cl/root rd.lvm.
lv=cl/swap rhgb quiet"  #定义额外的启动参数
GRUB_DISABLE_RECOVERY="true"  #是否启用修复模式
GRUB_ENABLE_BLSCFG=true  #是否启用 bootloader 规范
```

修改完成之后需要使用 grub2-mkconfig -o /boot/grub2/grub.cfg 重新生成配置文件。

12.3 内核加载

GRUB2 会从磁盘加载内核（vmlinuz）和 initramfs，并将它们放入内存中。initramfs 中包含启动时所有必要硬件的内核模块（驱动）和初始化脚本等。使用 lsinitrd 和 dracut 命令配合 /etc/dracut.conf.d/ 目录可以查看和配置 initramfs 文件。

图 12-3 所示为内核引导。

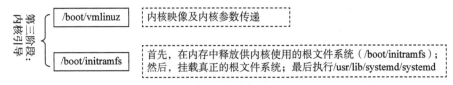

图 12-3 内核引导

表 12-1 所示为内核加载文件。

表 12-1

文　件	说　明
config-4.19.90-24.4.v2101.ky10.x86_64	系统 kernel 的配置文件，内核编译完成后保存的就是这个配置文件
grub2	开机管理程序 grub 相关数据目录
initramfs-4.19.90-24.4.v2101.ky10.x86_64.img	虚拟文件系统文件，是系统启动时模块供应的主要来源
symvers-4.19.90-24.4.v2101.ky10.x86_64.gz	模块符号信息
System.map-4.19.90-24.4.v2101.ky10.x86_64	系统 kernel 中的变量对应表，也可以理解为索引文件
vmlinuz-4.19.90-24.4.v2101.ky10.x86_64	用于启动的压缩内核镜像文件，是 /arch/<arch>/boot 中的压缩镜像

启动加载器将控制权交给内核，内核会在 initramfs 中寻找硬件的相关驱动并初始化相关硬件，然后启动 systemd 守护进程。

图 12-4 所示为系统启动流程示意图。

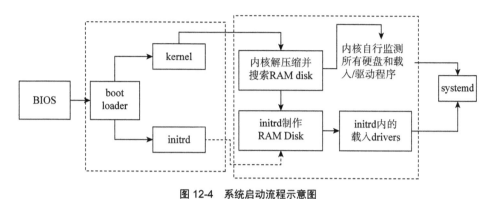

图 12-4　系统启动流程示意图

12.4　systemd 守护进程

systemd 是 Linux 系统工具，用来启动守护进程，是银河麒麟高级服务器操作系统 V10 目前采用的启动方式。systemd 取代了 initd，成为系统的第一个进程（PID 等于 1），其他进程都是它的子进程。systemd 并不是一个命令，而是一组命令，涉及系统管理的方方面面，其主配置目录是 /etc/systemd/system。

默认情况下，systemd 执行的第一个目标是 default.target。但实际上 default.target 是指向图形化系统的 graphical.target 的软链接，如图 12-5 所示。

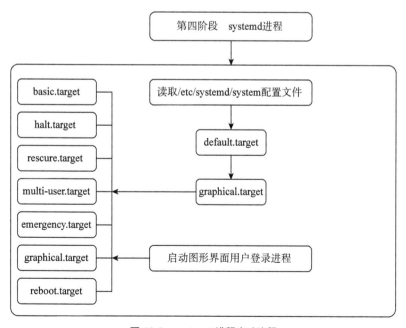

图 12-5　systemd 进程启动流程

各目标单元功能及所对应的 sysvinit 运行级别如表 12-2 所示。

表 12-2　target 对应到 sysvinit 的运行级别

运行级别	名　称	描　述
	basic.target	启动基本系统，该目标间接包含所有的本地挂载点单元，以及其他必需的系统初始化单元
	default.target	默认的启动目标，通常指向 multi-user.target 或者 graphical.target 的目标
5	graphical.target	专用于启动图形化登录界面的目标单元，其中包含 multi-user.target 单元
0	halt.target	专用于关闭系统但不切断电源时启动的单元
	poweroff.target	停止系统运行并切断电源
	local-fs.target	专用于集合本地文件系统挂载点的目标单元
3	multi-user.target	专用于多用户且为命令行模式下启动的单元。所有用于要在命令行多用户模式下启动的单元，其 [Install] 段都应该加上 WantedBy=multi-user.target 指令
S	rescure.target	专用于启动基本系统并打开一个救援 shell 时需要启动的单元
1	emergency.target	单用户模式，没有服务进程运行，文件系统也没挂载。这是一个最基本的运行级别，仅在主控制台上提供一个 shell，用于用户与系统进行交互
	local-fs-pre.target	此目标单元自动排在所有需要自动挂载的本地文件系统挂载点（带有 auto 挂载选项）之前，可用于确保在挂载本地文件系统之前启动某些单元
6	reboot.target	重启系统，专用于重启系统时需要启动的单元

第**13**章

网络管理

一台计算机要实现联网就必须在系统中配置合法的 IP 地址、子网掩码、网关、DNS 等 TCP/IP 相关信息，为了方便用户对网络的配置与管理，银河麒麟高级服务器操作系统提供了多种网络信息配置与管理的方法。

13.1 网络设置

本节主要讲解如何查看网络硬件信息、TCP/IP 信息配置，了解网络故障排查思路，让读者能够深入浅出地理解计算机网络管理与配置。

13.1.1 获取网卡硬件信息

1. 使用 lspci 命令查看网卡硬件信息

lspci 命令可以打印显示系统中所有 PCI 总线设备或连接到该总线上的所有设备的工具。默认显示所有设备，如果希望精确显示数据，可以通过 grep 命令进行检索输出，代码如下：

```
[root@kylinos-PC:~/ 桌面 ]# lspci |grep -i "ethernet"
# 显示本机有一块 Gbit 网卡
02:01.0 Ethernet controller: Intel Corporation 82545EM Gigabit Ethernet
Controller (Copper) (rev 01)
```

2. 通过 ethtool 命令查看网卡的连接信息

ethtool 命令可以根据需要更改以太网卡的参数，包括自动协商、速度、双工和局域网唤醒等参数。查看网卡信息的代码如下：

```
[root@kylinos-PC:~/ 桌面 ]# ethtool ens33
Settings for ens33:
    Supported ports: [ TP ]
```

```
# 网卡提供的双工模式
Supported link modes:    10baseT/Half 10baseT/Full
                         100baseT/Half 100baseT/Full
                         1000baseT/Full
Supported pause frame use: No
```

3. ip addr show 命令显示当前网卡

通过 ip addr show 命令可以显示本地网卡及配置的地址信息，代码如下：

```
[root@kylinos-PC:~/桌面]#  ip addr show
1: ens33: <BROADCAST,MULTICAST,UP,LOWER_UP> mtu 1500 qdisc fq_codel state
UP group default qlen 1000
    # 网卡硬件地址
    link/ether 00:0c:29:d0:b6:53 brd ff:ff:ff:ff:ff:ff
    # 网卡 IPv4 地址信息： IP 地址、子网掩码 、广播地址
    inet 192.168.58.5/24 brd 192.168.58.255 scope global dynamic
noprefixroute ens33
       valid_lft 85380sec preferred_lft 85380sec
    #IPv6 地址信息
    inet6 fe80::eca7:70ff:9a49:afc2/64 scope link noprefixroute
       valid_lft forever preferred_lft forever
```

4. 通过 ifconfig 命令查看更详细的信息

ifconfig 命令可以提供网卡的详细信息，用户可以通过该命令的输出获得本机每块网卡的 TCP/IP 连接信息（IP 地址、子网掩码、MAC 地址、广播地址）及连接的状态（网卡发送和接收的数据包、字节数量），如表 13-1 所示。

表 13-1 常见网络参数

命　　令	功　　能	命　　令	功　　能
ifconfig	命令输出关键字段说明	netmask	子网掩码
ens33	网卡名称	broadcast	广播地址
flages	网卡标识	inet6	IPv6 地址
mtu	网卡的最大传输单元	TX 与 RX	通过网卡接收和发送数据包
inet	接口的 IPv4 地址		

代码如下：

```
[root@kylinos-PC:~/桌面]# ifconfig
ens33: flags=4163<UP,BROADCAST,RUNNING,MULTICAST>  mtu 1500
        # 网卡 IPv4 地址信息：IP、子网掩码、广播地址
        inet 192.168.58.5  netmask 255.255.255.0  broadcast 192.168.58.255
        # 网卡 IPv6 地址信息
        inet6 fe80::eca7:70ff:9a49:afc2  prefixlen 64  scopeid 0x20<link>
        # 网卡 MAC 硬件地址
        ether 00:0c:29:d0:b6:53  txqueuelen 1000   (Ethernet)
        # 显示本网卡发送接收的包和字节数量，可以分析出本机网卡带宽
        RX packets 7758  bytes 11272207 (8.7 MiB)
        RX errors 0  dropped 0  overruns 0  frame 0
        TX packets 3320  bytes 235916 (230.3 KiB)
        TX errors 0  dropped 0 overruns 0  carrier 0  collisions 0
```

13.1.2　配置网卡 TCP/IP 信息

1. NetworkManager 配置

银河麒麟高级服务器操作系统 V10 的默认网络管理组件 NetworkManager，可以动态实现网络控制和配置守护进程。NetworkManager 常用工具如表 13-2 所示。

表 13-2　NetworkManager 常用工具

应用程序或工具	描　　述
NetworkManager	默认连网守护进程
nm-connection-editor	设置网络连接的一个界面工具
nmtui	简易图形界面配置网络参数工具
nmcli	允许用户及脚本与 NetworkManager 互动的命令行工具

nmcli 命令是用户和脚本都可使用的命令行工具，通过 nmcli 管理 NetworkManager 可以完成网卡上所有的配置工作，并且可以写入配置文件，永久生效。

nmcli 命令格式如下：

```
nmcli [选项] [参数]
```

例如：

$ nmcli help

$ nmcli con help

nmcli 命令说明如表 13-3 所示。

表 13-3　nmcli 命令说明

nmcli 命令	说　　明
nmcli general status	NetworkManager 总体状态
nmcli connection show	显示所有连接
nmcli connection show --active	只显示当前活动连接
nmcli device status	NetworkManager 识别到设备及其状态
nmcli connection modify	修改连接
nmcli connection up	启用网络连接
nmcli connection down	停用网络连接
nmcli device disconnect	禁用网卡
nmcli connection delete	删除网络链接的配置文件
nmcli connection reload	重新加载网络配置文件
nmcli connection modify ens33 connection.autoconnect yes	设置自动启动网卡
nmcli connection modify ens33 ipv3.method manual	修改 IP 地址获取方法为手动
nmcli connection modify ens33 ipv3.method auto	修改 IP 地址获取方法为自动
nmcli connection modify ens33 ipv3.addresses	修改 IP 地址
nmcli connection modify ens33 ipv3.gateway	修改网关
nmcli connection modify ens33 ipv3.dns	修改 DNS
nmcli connection add type ethernet ifname ens8 con-name mylink	添加网络连接

2. 修改网卡配置文件

（1）银河麒麟高级服务器操作系统 V10 的网卡配置文件是 /etc/sysconfig/network-scripts/ifcfg-*。在该配置文件中可修改网卡启动类型 dhcp 和 static，二选一，默认启动类型为 dhcp。如果将启动类型修改为 static，则可以手动设置 IP 地址、子网掩码、网关和 DNS 服务器地址，具体代码如下：

```
TYPE="Ethernet"
PROXY_METHOD="none"
BROWSER_ONLY="no"
BOOTPROTO="dhcp"
DEFROUTE="yes"
IPV4_FAILURE_FATAL="no"
IPV6INIT="yes"
IPV6_AUTOCONF="yes"
IPV6_DEFROUTE="yes"
IPV6_FAILURE_FATAL="no"
IPV6_ADDR_GEN_MODE="stable-privacy"
NAME="ens33"
UUID="a0655379-32c4-47f3-8bbe-0d2a1cebd059"
DEVICE="ens33"
ONBOOT="yes"
```

（2）DNS 配置文件是 /etc/resolv.conf，其主要配置参数是指定域名服务器的 IP 地址，代码如下：

```
# Generated by NetworkManager
nameserver 114.114.114.114
~
~
```

（3）主机名静态查询配置文件是 /etc/hosts，该文件中指明本机 IP 地址对应的主机名 . 域名：localhost.localdomain，代码如下：

```
127.0.0.1     localhost localhost.localdomain localhost4 localhost4.localdomain4
::1           localhost localhost.localdomain localhost6 localhost6.localdomain6
```

（4）网络服务重启，代码如下：

systemctl restart networking

13.2　链路聚合

链路聚合（Link Aggregation）是一个计算机网络术语，又称 Trunk，是指将多个物理端口捆绑在一起，成为一个逻辑端口，以实现出入流量吞吐量在各成员端口中的负荷分担。交换机根据用户配置的端口负荷分担策略，决定报文从哪一个成员端口发送到对端的交换机。当交换机检测到其中一个成员端口的链路发生故障时，就停止在此端口上发送报文，并根据负载均衡策略在剩下的链路中重新计算报文发送的端口，故障端口恢复后再次重新计算报文发送端口。链路聚合在增加链路带宽、实现链路传输弹性和工程冗余等方面是一项很重要的技术。

链路聚合技术不仅可以运用在交换机之间，还可以应用在交换机与路由器之间、路由器与路由器之间、交换机与服务器之间、路由器与服务器之间、服务器与服务器之间。

13.2.1　链路聚合模式

在银河麒麟高级服务器操作系统 V10 中，常见的链路聚合网卡绑定驱动有 roundrobin（平衡轮询）模式、activebackup（主备轮询）模式、loadbalance（负载均衡）模式和 broadcast（广播容错）模式，如表 13-4 所示。

表 13-4　链路聚合常见模式

服务器网卡绑定模式	交换机对接方式	说　　明
roundrobin （平衡轮询）	配置手工模式 链路聚合	服务器所绑定的网卡被修改成相同 MAC 地址，需要交换机通过手工模式链路聚合与之对接
activebackup （主备轮询）	配置对接接口在同一个 VLAN	服务器采用双网卡时，一个处于主状态，另一个处于从状态，所有数据都通过主状态的端口传输，当主状态端口对应链路出现故障时，数据通过从状态端口传输，因此，交换机对应的两个端口建议配置在同一个 VLAN
loadbalance （负载均衡）	配置手工模式 链路聚合	服务器的多网卡基于指定的 HASH 策略传输数据包，需要交换机配置手工模式链路聚合与之对接
broadcast （广播容错）	采用两台交换机对接且配置在不同 VLAN	服务器的多网卡对于同一份报文会复制两份，分别从两个端口传输，建议使用两台交换机，且配置不同 VLAN 与之对接

网卡的链路聚合常用的有 bond 和 team 两种绑定方法。bond 方法可以添加两块网卡，team 方法可以添加 8 块网卡。

在网卡绑定选项上可以根据操作系统内核来选择，Kylin Server v10 sp2 内核模块带有 team 驱动和 bond 驱动，支持 team 链路聚合和 bond 链路聚合。可查看文件 /usr/lib/modules/../kernel/drivers/net/team。

13.2.2 bond 模式配置

网卡 bond 模式是通过把多张网卡绑定为一个逻辑网卡，实现本地网卡的冗余、带宽扩容和负载均衡，在应用部署中是一种常用的技术。

有其他未使用的网卡配置需要移除或者设置 ONBOOT=NO，否则会影响 bond 网卡启动。

1. 配置文件

（1）网卡配置，代码如下：

```
# vim /etc/sysconfig/network-scripts/ifcfg-ens33
DEVICE=ens33
TYPE=Ethernet
BOOTPROTO=none
NM_CONTROLLED=no
ONBOOT=yes
MASTER=bond0
SLAVE=yes


# vim /etc/sysconfig/network-scripts/ifcfg-ens38
DEVICE=ens38
TYPE=Ethernet
BOOTPROTO=none
NM_CONTROLLED=no
ONBOOT=yes
MASTER=bond0
SLAVE=yes
# vim /etc/sysconfig/network-scripts/ifcfg-bond0
DEVICE=bond0
TYPE=bond
```

```
BOOTPROTO=static
NM_CONTROLLED=no
ONBOOT=yes
IPADDR=10.10.1.112
NETMASK=255.255.255.0
GATEWAY=10.10.1.1
DNS1=113.113.113.114
DNS2=8.8.8.8
```

（2）内核加载 bond 模块，代码如下：

```
# modprobe bonding
# lsmod |grep bond
bonding                149864  0

# 加载 bond 模块写进配置文件
# cat /etc/modprobe.d/bonding.conf
alias bond0 bonding
options bonding mode=0 miimon=100
```

（3）查看 bond 状态，代码如下：

```
# cat /proc/net/bonding/bond0
Bonding Mode: load balancing （round-robin）
MII Status: up
MII Polling Interval （ms）: 100
Up Delay （ms）: 0
Down Delay （ms）: 0

Slave Interface: ens33
MII Status: up
Speed: 1000 Mbps
Duplex: full
Link Failure Count: 0
Permanent HW addr: 34:73:5a:9a:82:64
Slave queue ID: 0
```

```
Slave Interface: ens38

MII Status: up

Speed: 1000 Mbps

Duplex: full

Link Failure Count: 0

Permanent HW addr: 34:73:5a:9a:82:65

Slave queue ID: 0
```

（4）bond 桥接，代码如下：

```
# 安装这个命令是为了支持网卡桥接，没有这个命令，不能桥接网卡


# yum install bridge-utils -y
```

2. 配置命令

（1）添加 bond，代码如下：

```
nmcli connection add con-name bond0 ifname bond0 type bond mode active-
backup ip4 192.168.88.138/24    ## 建立链路聚合 bond0
```

```
[root@localhost network-scripts]# nmcli con add con-name bond0 ifname bond0 type bond mode active-backup ip4 192
.168.88.138/24
连接 "bond0" (164e88d5-e67b-4226-934d-6dc0508d19b7) 已成功添加。
```

mode	## 网卡链路聚合绑定模式
active-backup	## 主备式，一个网卡工作，剩下的网卡备用，当工作的网卡关闭时，备用的网卡立刻就会工作，备份立刻转换为主设备
bond-slave	## 实现网卡链路聚合接口类型
master	## 指定接口 bond0

（2）加入 bond，代码如下：

```
nmcli connection add con-name link ifname ens33 type bond-slave master bond0
## 建立 ens33
nmcli connection add con-name link2  ifname ens38 type bond-slave master bond0
## 建立 ens38
```

```
[root@localhost network-scripts]# nmcli con add con-name link ifname ens33 type bond-slave master bond0
Warning: There is another connection with the name 'link'. Reference the connection by its uuid 'da1cd428-d0f7-
b87-902d-8c7732d50b0c'
连接 "link" (da1cd428-d0f7-4b87-902d-8c7732d50b0c) 已成功添加。
[root@localhost network-scripts]# nmcli con add con-name link2 ifname ens38  type bond-slave master bond0
Warning: There is another connection with the name 'link2'. Reference the connection by its uuid 'c8f945b6-fc40-
425a-a6f0-5bea7c6ad517'
连接 "link2" (c8f945b6-fc40-425a-a6f0-5bea7c6ad517) 已成功添加。
```

（3）测试 bond，代码如下：

```
[root@localhost network-scripts]# ping 192.168.88.2
PING 192.168.88.2 (192.168.88.2) 56(84) bytes of data.
64 bytes from 192.168.88.2: icmp_seq=1 ttl=128 time=0.253 ms
64 bytes from 192.168.88.2: icmp_seq=2 ttl=128 time=0.266 ms
64 bytes from 192.168.88.2: icmp_seq=3 ttl=128 time=0.620 ms
64 bytes from 192.168.88.2: icmp_seq=4 ttl=128 time=0.421 ms
64 bytes from 192.168.88.2: icmp_seq=5 ttl=128 time=0.550 ms
^C
--- 192.168.88.2 ping statistics ---
5 packets transmitted, 5 received, 0% packet loss, time 4097ms
rtt min/avg/max/mdev = 0.253/0.422/0.620/0.147 ms
```

13.2.3　team 模式配置

team 模式是链路聚合的一种，最多支持 8 块网卡。team 不需要手动加载相应内核模块，借助 nmcli 命令工具将会根据命令参数的配置重新生成特定的配置文件来供网络接口使用，方便又灵活。使用网络组 team 机制，把 team 组当作一个设备。team 的工作模式命令格式如下：

'{"runner":{"name":" 工作模式 "}}'

工作模式：activebackup　　## 主备式，一个网卡工作，另一网卡备用

roundrobin　　## 平衡轮询式

broadcast　　## 广播容错

loadbalance　　## 负载均衡 team 模式配置

例如，为服务器添加链路聚合 team0，其工作模式为 activebackup，将网络接口 ens33 和 ens38 加入 team0 并启动该链路聚合。

```
[root@kylinos-pc ~]# nmcli connection add type team con-name team0 ifname
team0 autoconnect yes config '{"runner": {"name": "activebackup"}}'
#表示建立一个 team，名称为 team0，工作模式为 activebackup

[root@kylinos-pc ~]# nmcli connection modify team0 ipv3.method
manual ipv3.addresses 192.168.88.139/24        # 修 改 team0 的 IP 地 址 为
192.168.88.139/24

[root@kylinos-pc ~]# nmcli connection add type team-slave con-name team0-
1 ifname ens33 master team0    #将 ens33 添加到 team0 中

[root@kylinos-pc ~]# nmcli connection add type team-slave con-name team0-
2 ifname ens38 master team0    #将 ens38 添加到 team0 中

[root@kylinos-pc ~]# teamdctl team0 state        #查看 team0 状态
[root@kylinos-pc ~]# nmcli connetcion up team0    # 重启 team0 网卡
```

13.3 网络故障排查

计算机无法正常连网是生活中遇到最多的案例，也是面试中问到最多的问题。下面介绍一个故障排查思路，大家以后遇到计算机无法连接网络时可以通过这个思路去快速排查问题，找到问题，迅速排除问题。

1. 显示网卡连接状态

使用 ethtool 命令查看网线是否插好，确保网线正常连接，代码如下：

```
[root@kylinos-PC:~/ 桌面 ]# ethtool ens33
......
# 确保连接状态为 yes，说明本机网卡网线通信没问题
Link detected: yes
```

2. 检查网卡 TCP/IP 连接信息

通过 ip 或者 ifconfig 命令查看网卡的 IP 地址、子网掩码设置是否正确，代码如下：

```
[root@kylinos-PC:~/ 桌面 ]# ifconfig ens33
ens33: flags=4163<UP,BROADCAST,RUNNING,MULTICAST>  mtu 1500
     # IP 地址                子网掩码              广播地址
   inet 192.168.1.100  netmask 255.255.255.0  broadcast 192.168.1.255
   inet6 fe80::eca7:70ff:9a49:afc2  prefixlen 64  scopeid 0x20<link>
   ether 00:0c:29:d0:b6:53  txqueuelen 1000  (Ethernet)
    # 发包和收包信息
   RX packets 10578  bytes 11508951 (8.9 MiB)
   RX errors 0  dropped 0  overruns 0  frame 0
   TX packets 5062  bytes 463188 (452.3 KiB)
   TX errors 0  dropped 0 overruns 0  carrier 0  collisions 0
```

如果发包或者收包信息为 0，则可能是网卡驱动或者网线有问题，建议换网线试试（常见于手工制作的网线场景，可能是线序错误造成的），如果确认不是网线问题，再更新网卡驱动。

3. 查看网关 IP 地址

通过 route 命令查看网关 IP 地址是否正确，代码如下：

```
[root@kylinos-PC:~/ 桌面 ]# route -n
内核 IP 路由表
目标           网关           子网掩码         标志   跃点    引用    使用    接口
0.0.0.0        192.168.1.1  0.0.0.0          UG    100    0      0      ens33
164.253.0.0    0.0.0.0        255.255.0.0      U     1000   0      0      ens33
```

目标和子网掩码都是 0.0.0.0，代表默认路由，对应的网关地址是 192.168.1.1，该地址

就是本机网关地址。

4. 检查 DNS 设置

通过查看 /etc/resolv.conf 文件内容，检查本机 DNS IP 地址是否正确，代码如下：

```
[root@kylinos-PC:~/ 桌面 ]# cat /etc/resolv.conf
nameserver 113.113.113.114
nameserver 202.107.0.20
```

nameserver 定义的是 DNS 服务器的 IP 地址，可以写多个，从第一个 DNS IP 开始解析，如果第一个 DNS 无法响应，再找第二个 DNS 服务器。

5. ping 本机地址

通过 ping 命令测试主机连通性，代码如下：

```
[root@kylinos-PC:~/ 桌面 ]# ping -c 4 192.168.1.100
PING 192.168.1.100 (192.168.1.100) 56(84) bytes of data.
64 bytes from 192.168.1.100: icmp_seq=1 ttl=64 time=0.044 ms
64 bytes from 192.168.1.100: icmp_seq=2 ttl=64 time=0.046 ms
64 bytes from 192.168.1.100: icmp_seq=3 ttl=64 time=0.040 ms
64 bytes from 192.168.1.100: icmp_seq=4 ttl=64 time=0.043 ms

--- 192.168.1.100 ping statistics ---
4 packets transmitted, 4 received, 0% packet loss, time 3072ms
rtt min/avg/max/mdev = 0.040/0.043/0.046/0.002 ms
```

如果本机都无法 ping 通自己，要么是网卡驱动问题，要么是网卡故障，可以通过重新给网卡安装驱动程序或者更换网卡。

6. ping 网关地址

通过 ping 命令测试网关连通性，确保局域网可通信，代码如下：

```
[root@kylinos-PC:~/ 桌面 ]# ping  -c 4 192.168.1.1
PING 192.168.1.1 (192.168.1.1) 56(84) bytes of data.
64 bytes from 192.168.1.1: icmp_seq=1 ttl=255 time=20.2 ms
64 bytes from 192.168.1.1: icmp_seq=2 ttl=255 time=5.24 ms
64 bytes from 192.168.1.1: icmp_seq=3 ttl=255 time=4.66 ms
64 bytes from 192.168.1.1: icmp_seq=4 ttl=255 time=14.3 ms

--- 192.168.1.1 ping statistics ---
4 packets transmitted, 4 received, 0% packet loss, time 3006ms
```

如果 ping 网关地址不通，有可能是以下几种故障：

（1）本机 TCP/IP 信息设置错误。这时应再次确认 IP 地址、子网掩码、网关地址是否正确。

（2）网关上做过 IP 和网卡 MAC 地址绑定（为了防止本地 ARP 攻击），这种情况一般出现场景是换机环境。

（3）网关故障。自己确认网关是否工作或者联系管理员。

数据包要能发出去，网关是第一道关卡，如果本机数据包无法到达网关，说明本机数据包就无法走出内网，上不去网也就正常了。所以，要想上网就必须能联系到网关，由网关将数据包转发出去。

7. ping DNS 地址

通过 ping 命令测试 DNS 域名服务器连通性，确保本机数据包能出内网，代码如下：

```
[root@kylinos-PC:~/ 桌面 ]# ping -c 4 113.113.113.114
PING 113.113.113.114 (113.113.113.114) 56(84) bytes of data.
64 bytes from 113.113.113.114: icmp_seq=1 ttl=92 time=32.6 ms
64 bytes from 113.113.113.114: icmp_seq=2 ttl=77 time=33.5 ms
64 bytes from 113.113.113.114: icmp_seq=3 ttl=73 time=33.2 ms
64 bytes from 113.113.113.114: icmp_seq=4 ttl=94 time=45.0 ms

--- 113.113.113.114 ping statistics ---
4 packets transmitted, 4 received, 0% packet loss, time 3007ms
```

ping DNS 服务器 IP 地址的目的是检查网关是否能正确地将本机数据包发送出去，如果 ping 网关能通，但是 ping DNS 地址不通，建议多 ping 几个外网地址，如果都不通，说明是本地网关故障，建议联系运营商或者网络管理员。

13.4 远程登录

13.4.1 远程登录程序

SSH 工具可以让用户登录到一台远程机器上，并在该机器上执行命令。SSH 是对 rlogin、rsh 和 telnet 程序的一个安全替换。和 telnet 命令相似，使用以下命令可以登录到一台远程机器上：

```
# ssh hostname
```

例如，要登录到一台名为 kylinos.com 的远程主机，可以在 shell 命令行提示符下输入以下命令：

```
# ssh kylinos.com
```

该命令将会以用户正在使用的本地机器的用户名登录。如果用户想指定一个不同的用户名，可使用以下命令：

```
# ssh username@hostname
```

例如，以 USER 登录到 kylinos.com，可输入以下命令：

```
# ssh USER@kylinos.com
```

用户第一次初始连接时，将会看到与如下内容相似的信息：

```
The authenticity of host 'kylinos.com' can't be established. ECDSA key
fingerprint is 256 da:24:43:0b:2e:c1:3f:a1:84:13:92:01:52:b4:84:ff. Are
you sure you want to continue connecting (yes/no)?
```

在回答对话框中的问题之前，用户应该始终检查指印是否正确。可以询问服务端的管理员以确认密钥是正确的。这应该以一种安全的、事先约定好的方式进行。如果用户可以使用服务端的主机密钥，可以使用以下 ssh-keygen 命令来检查指印：

```
# ssh-keygen -l -f /etc/ssh/ssh_host_ecdsa_key.pub
256 da:24:43:0b:2e:c1:3f:a1:84:13:92:01:52:b4:84:ff （ECDSA）
```

输入 yes，接受密钥并确认连接。用户将会看到一个有关服务端已经被添加到已知的主机列表中的通告，以及一个输入密码的提示，代码如下：

```
Warning: Permanently added 'kylinos.com' (ECDSA) to the list of known
hosts. USER@ kylinos.com's password:
```

重要说明：如果 SSH 服务端的主机密钥改变了，客户端将会通知用户连接不能继续，除非将服务端的主机密钥从 ~/.ssh/known_hosts 文件中删除。在进行此操作之前，应联系 SSH 服务端的系统管理员，验证服务端是否受到攻击。

要从 ~/.ssh/known_hosts 文件中删除一个密钥，可以使用如下命令：

```
# ssh-keygen -R kylinos.com # Host kylinos.com found: line 15 type ECDSA
/home/USER/.ssh/known_hosts updated. Original contents retained as /home/
USER/.ssh/known_hos ts.old
```

在输入密码之后，用户将会进入远程主机的 shell 命令行提示符下。ssh 程序可以用来在远程主机上执行一条命令，而不用登录到 shell 命令行提示符下，代码如下：

```
ssh [username@]hostname command
```

例如，/etc/nekylin-release 文件提供有关操作系统版本的信息。要查看 peng uin.example.com 上该文件的内容，输入如下命令：

```
#ssh USER@kylinos.com  cat/etc/kylin-release
USER@kylinos.com's password:
Kylin Linux Advanced Server release V10(mips64)
```

在用户输入正确的密码之后，将会显示远程主机的操作系统版本信息，然后用户将返回到本地的 shell 命令行提示符下。

13.4.2　VNC 查看器

TigerVNC Viewer 是一款方便的远程桌面查看工具，单击【开始】按钮，选择【所有程序】→【VNC 查看器】命令，输入 VNC 服务器信息，单击【连接】按钮，即可连接，如图 13-1 所示。

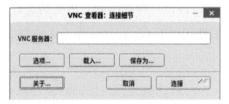

图 13-1　VNC 查看器

单击【选项】按钮，在弹出的对话框中可以对压缩、安全、输入、屏幕及杂项等进行相关配置，如图 13-2 所示。

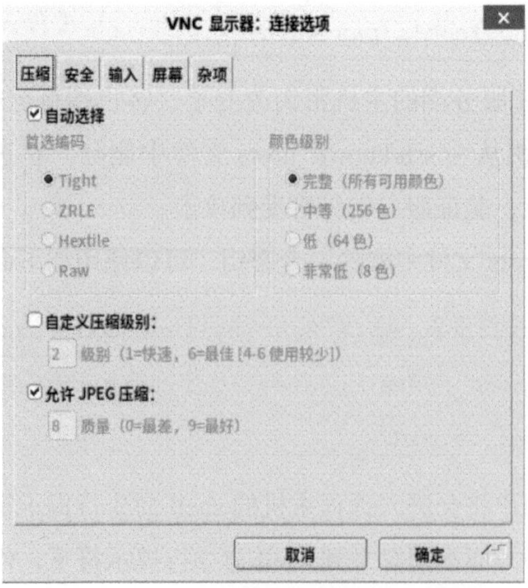

图 13-2　【VNC 显示器：连接选项】对话框

第 **14** 章

磁盘管理

在银河麒麟高级服务器操作系统中，目录、字符设备、套接字、硬盘、光驱、打印机等都被称为文件，即银河麒麟高级服务器操作系统中全部都是文件。在银河麒麟高级服务器操作系统中并不存在 C/D/E/F 等盘符，系统中的全部文件都是从"根（/）"目录开始的，并依照文件系统层次化规范，选用倒状树结构来存储文件。

14.1 磁盘概述

磁盘是计算机系统中最主要的外存设备，盘片一般由铝合金制成，其表面涂有一层可被磁化的硬磁特性材料。

14.1.1 磁盘结构

磁盘用于寻址的结构有磁头、磁道、柱面、扇区。其中，磁头是用于向磁盘读 / 写信息的工具，磁盘上的一圈圈的圆周被称为磁道，每圈磁道上的扇形小区域被称为扇区，扇区中存在很多存储单元，用于存储比特信息，如图 14-1 所示。

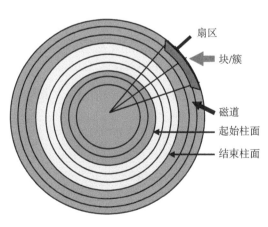

图 14-1 磁盘结构

不同盘面上的每圈磁道所组成的柱形区域称为柱面，磁盘上的磁道数等于柱面数。

磁道的编号方式如下：磁道是从外到内的，从 0 开始编号，即最外面的一圈为第 0 磁道。扇区的编号方式如下：固定标记某块为 1 号，然后顺时针编号。磁头是决定读 / 写盘面号的结构，从 0 开始顺序编号。

14.1.2　磁盘命名规则

在银河麒麟高级服务器操作系统中，一切都是文件，硬件设备也不例外。既然是文件，就必须有文件名。银河麒麟高级服务器操作系统中根据磁盘接口类型不同，文件命名方式也不同。常见的本地磁盘接口有 IDE、SATA、SCSI 等。现在，IDE 设备已很少见了，所以，一般的硬盘设备都是以 "/dev/sd" 开始的。一台主机上可以有多块硬盘，系统选用 a ~ z 来代表 24 块不同的硬盘（默许从 a 开端分配），硬盘的分区编号如下：

（1）主分区或扩展分区的编号从 1 开端，到 4 完毕。

（2）逻辑分区从编号 5 开始。

银河麒麟高级服务器操作系统中磁盘设备及其对应文件名称如表 14-1 所示。

表 14-1　常见的磁盘设备及其文件名称

硬件设备	文件名称	硬件设备	文件名称
IDE 设备	/dev/hd[a-d]	打印机	/dev/lp[0-15]
SCSI/SATA/U 盘	/dev/sd[a-z]	光驱	/dev/cdrom
virtio 设备	/dev/vd[a-z]	鼠标	/dev/mouse
软驱	/dev/fd[0-1]	磁带机	/dev/st0 或 /dev/ht0

/dev 目录中的 sda 设备之所以是 a，并不是由插槽决议的，而是由系统内核的辨认次序来决议的，而恰巧许多主板的插槽次序便是系统内核的辨认次序，因而才会被命名为 /dev/sda。

分区的数字编码顺序可以顺延下来，也可以手动指定，因而，sda3 只能表明是编号为 3 的分区，而不能判别 sda 设备上现已存在 3 个分区。

剖析一下 /dev/sda5 这个设备文件名称包括哪些信息，如图 14-2 所示。

图 14-2　设备文件名称

首先，/dev/ 目录中保存的是硬件设备文件；其次，sd 表明是存储设备；然后，a 表明系统中同类接口中第一块被识别到的设备，5 表明这个设备是一个逻辑分区，"/dev/sda5"表明的便是"这是系统中第一块被识别到的硬件设备中分区编号为 5 的逻辑分区的设备文件"。

正是由于计算机有了硬盘设备，所以才能随时对数据存档，而不必每次从头开端。硬盘设备是由很多扇区组成的，每个扇区的容量为 512B。其中，第一个扇区最重要，一般称为主引导记录表（MBR），其中保存着主引导记录与分区表信息。主引导记录需要占用 446B，分区表信息占 64B，结束符占用 2B。分区表信息中每记载一个分区信息就需要 16B，因为空间字节限制，分区表中最多只能划分 4 个主分区，如图 14-3 所示。

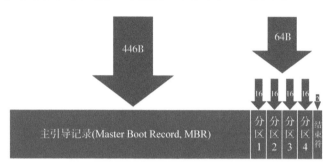

图 14-3　MBR 中的数据信息

每块硬盘上最多可创建 4 个主分区，还可以创建扩展分区和逻辑分区。

扩展分区并不是一个真实的分区，而更像是一个指向另外一个逻辑分区的指针。用户一般会运用 3 个主分区加 1 个扩展分区的办法，然后在扩展分区中创建出数个逻辑分区，以满足多分区（大于 4 个）的需要。

14.2　磁盘管理

在拿到一块新的硬盘后，首先需要分区，然后格式化文件系统，最终才能挂载并正常运用。硬盘的分区取决于用户的需要和硬盘大小。可以对硬盘再次进行分区，但必须对硬盘进行格式化处理。

14.2.1　磁盘分区

本节添加硬盘设备的案例在虚拟环境中模拟。增加硬盘设备的思路如下：首要需要在虚拟机中模仿增加一块新的硬盘存储设备；然后进行分区、格式化、挂载等操作；最终经过查看系统的挂载状况来验证硬盘设备是否成功增加。

（1）将虚拟机系统关机，稍等几分钟会主动返回到虚拟机办理主界面，然后单击"编辑虚拟机设置"选项，在弹出的界面中单击【添加】按钮，新增一块硬件设备，如图 14-4 所示。

图 14-4　在虚拟机系统中增加硬件设备

（2）选择想要增加的【硬件类型】为"硬盘"，然后单击【下一步】按钮，如图 14-5
所示。

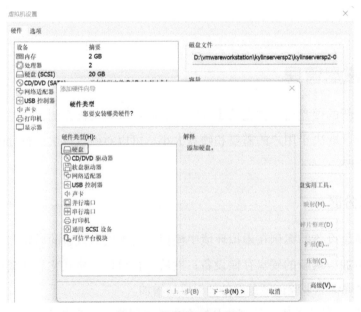

图 14-5　挑选增加硬件类型

（3）设置【虚拟硬盘类型】为【SCSI】，单击【下一步】按钮，这样虚拟机中的设备
称号应该为 /dev/sdb，如图 14-6 所示。

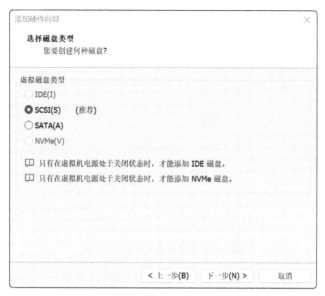

图 14-6　挑选硬盘设备类型

（4）选中【创建新虚拟磁盘】单选按钮，单击【下一步】按钮，如图 14-7 所示。

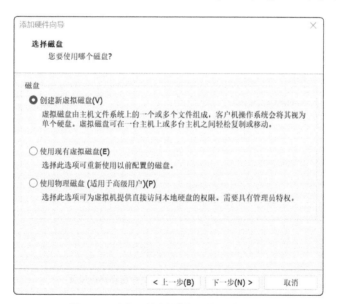

图 14-7　选中【创建新虚拟磁盘】单选按钮

（5）将【最大磁盘大小】设置为默认的 20GB。这个数值是约束这台虚拟机所运用的最大硬盘空间，而不是当即将其填满，因而默认 20GB 即可，单击【下一步】按钮，如图 14-8 所示。

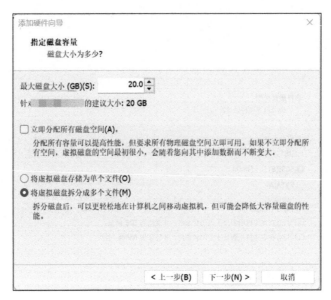

图 14-8 设置硬盘的最大运用空间

（6）设置磁盘文件的文件名和保存位置，选用默认设置即可，直接单击【完成】按钮，如图 14-9 所示。

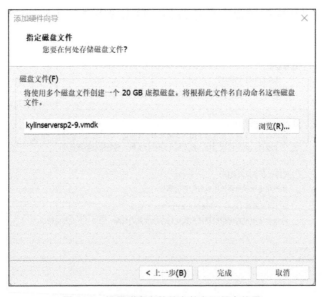

图 14-9 设置磁盘文件的文件名和保存位置

（7）将新硬盘添加好后就可以正常地看到设备信息了。不需要做任何修正，直接单击【确定】按钮，就可开启虚拟机了，如图 14-10 所示。

图 14-10　检查虚拟机硬件设置信息

　　在虚拟机中模拟增加了硬盘设备后就能看到硬盘设备文件了。依照前面介绍的命名规则，第二个被辨认的 SATA 设备应该会被保存为 /dev/sdb，这个便是硬盘设备文件。在开始运用该硬盘之前还有必要进行分区操作，例如，从中取出一个 2GB 的分区设备供后边的操作运用。

　　在银河麒麟高级服务器操作系统中，fdisk 命令用于创建磁盘分区，格式为 "fdisk [磁盘名称]"，fdisk 命令是集增加、删去、转化分区等功能于一身的 "一站式分区服务"。不过与前面介绍的直接写到命令后边的参数不同，fdisk 命令的参数是交互式的、一问一答的方式，如表 14-2 所示，因此，在处理硬盘设备时特别便利。

表 14-2　fdisk 命令中的参数及效果

参　　数	效　　果	参　　数	效　　果
m	检查所有可用的参数	t	改动某个分区的类型
n	增加新的分区	p	检查分区表信息
d	删去某个分区信息	w	保存并退出
l	列出所有可用的分区类型	q	不保存直接退出

　　第 1 步：用 fdisk 命令设置 /dev/sdb 硬盘分区。在看到提示信息后输入参数 p 来检查硬盘设备内已有的分区信息，其中包含硬盘的容量大小、扇区个数等信息，代码如下：

```
[root@kylinos ~]# fdisk /dev/sdb

欢迎使用 fdisk (util-linux 2.35.2)。
更改将停留在内存中，直到您决定将更改写入磁盘。
使用写入命令前请三思。


命令 (输入 m 获取帮助): p
Disk /dev/sdb: 20 GiB, 21474836480 字节, 41943040 个扇区
磁盘型号: VMware Virtual S
单元：扇区 / 1 * 512 = 512 字节
扇区大小 (逻辑/物理)：512 字节 / 512 字节
I/O 大小 (最小/最佳)：512 字节 / 512 字节
磁盘标签类型：dos
磁盘标识符：0xcc76694b
```

第 2 步：输入参数 n 测验增加新的分区。系统会要求输入参数 p 来建立主分区，输入参数 e 来建立扩展分区。这里输入参数 p 来建立一个主分区，代码如下：

```
命令 (输入 m 获取帮助): n
分区类型
    p    主分区 (0 primary, 0 extended, 4 free)
    e    扩展分区 (逻辑分区容器)
选择 (默认 p): p
```

第 3 步：创建一个主分区后，系统要求先输入主分区的编号。由前文得知，主分区的编号范围是 1 ～ 4，因而这里输入默认的 1 即可。接下来系统会提示确认该分区的起始扇区位置，不需要改动，按【Enter】键保存默许设置即可，系统会主动核算出最靠前的空闲扇区的方位。最终，系统会要求分区的结束扇区方位，意思是整个分区的大小是多少。不用去核算扇区的个数，只需要输入 +2G 即可创建出一个容量为 2GB 的硬盘分区，代码如下：

```
分区号 (1-4, 默认  1): 1
第一个扇区 (2048-41943039, 默认 2048):
最后一个扇区, +/-sectors 或 +size{K,M,G,T,P} (2048-41943039, 默认 41943039): +2G
```

创建了一个新分区 1，类型为 "Linux"，大小为 2 GB。

第 4 步：再次运用参数 p 来检查硬盘设备中的分区信息。可以看到一个名称为 /dev/sdb1、开始扇区方位为 2048、完毕扇区方位为 4196351 的主分区。这时不能直接封闭窗

口，而应该输入 w，保存以上配置信息，这样分区信息才写入成功，代码如下：

```
命令（输入 m 获取帮助）: p
Disk /dev/sdb: 20 GiB, 21474836480 字节, 41943040 个扇区
磁盘型号: VMware Virtual S
单元: 扇区 / 1 * 512 = 512 字节
扇区大小（逻辑/物理）: 512 字节 / 512 字节
I/O 大小（最小/最佳）: 512 字节 / 512 字节
磁盘标签类型: dos
磁盘标识符: 0xcc76694b


设备       启动    起点      末尾       扇区大小  Id  类型
/dev/sdb1  2048   4196351   4194304   2GB      83  Linux


命令（输入 m 获取帮助）: w
分区表已调整。
将调用 ioctl() 来重新读分区表。
正在同步磁盘。
```

第 5 步：在上述过程执行结束之后，银河麒麟高级服务器操作系统会主动把这个硬盘主分区设置成 /dev/sdb1 设备文件。能够正常地运用 file 命令检查该文件的特点，可是有时系统并没有主动把分区信息同步给系统内核，在这种情况下，输入 partprobe 命令可以手动将分区信息同步到内核。假如运用这个命令都无法处理问题，那就只能重启计算机了，代码如下：

```
[root@kylinos ]# file /dev/sdb1
/dev/sdb1: cannot open '/dev/sdb1' (No such file or directory)
[root@kylinos ]# partprobe
[root@kylinos ~]# file /dev/sdb1
/dev/sdb1: block special (8/17)
```

如果硬件存储设备没有进行格式化，则银河麒麟高级服务器操作系统无法得知怎样在其上写入数据。因而，在对存储设备进行分区后还有必要进行格式化操作。在银河麒麟高级服务器操作系统中用于格式化操作的命令是 mkfs。例如，要格式化分区为 ext4 的文件系统，则命令应为 mkfs -t ext4 /dev/sdb1，代码如下：

```
[root@kylinos ~]# mkfs -t ext4 /dev/sdb1
mke2fs 1.45.6 (20-Mar-2020)
```

未启用 64 位文件系统支持，将无法使用更大的字段来进行更完整的校验。可以使用参数"-O 64bit"来进行纠正。

创建含有 524288 个块（每块 4KB）和 131072 个 inode 的文件系统

文件系统 UUID：8d8ed4bc-7cc2-4ee3-962e-a5c27972febb

超级块的备份存储于下列块：

　　　32768, 98304, 163840, 229376, 294912

正在分配组表：完成

正在写入 inode 表：完成

创建日志（16384 个块）完成

写入超级块和文件系统账户统计信息：已完成

　　完成了存储设备的分区和格式化操作，接下来要挂载并运用存储设备。首先，创建一个用于挂载设备的挂载点目录；然后，运用 mount 命令将存储设备与挂载点进行相关；最后，运用 df -h 命令检查挂载状况和硬盘使用信息，代码如下：

```
[root@kylinos ~]# mkdir /kylinos
[root@kylinos ~]# mount /dev/sdb1 /kylinos
[root@kylinos ~]# df -h
文件系统                  容量     已用   可用    已用%  挂载点
devtmpfs                 1.4G     0     1.4G    0%    /dev
tmpfs                    1.5G     0     1.5G    0%    /dev/shm
tmpfs                    1.5G     18M   1.4G    2%    /run
tmpfs                    1.5G     0     1.5G    0%    /sys/fs/cgroup
/dev/mapper/klas-root    17G      4.7G  9.3G    46%   /
tmpfs                    1.5G     76K   1.5G    1%    /tmp
/dev/sda1                1014M    384M  631M    38%   /boot
tmpfs                    289M     0     289M    0%    /run/user/992
tmpfs                    289M     0     289M    0%    /run/user/0
/dev/sdb1                2.0G     3.0M  1.8G    1%    /kylinos
```

　　存储设备现已顺畅挂载，接下来就可以测验经过挂载点目录向存储设备中写入文件了。在写入文件之前，先介绍一个用于检查文件数据占用量的 du 命令，其格式为"du [选项] [目录文件名称]"。该命令用来检查一个或多个目录文件占用了多大的硬盘空间。

　　在银河麒麟高级服务器操作系统中可以运用 du -sh /* 命令检查在根目录下一切一级目录占用的空间大小，代码如下：

```
[root@kylinos ~]# du -sh /*
0        /bin
353M     /boot
0        /box
0        /dev
20K      /kylinos
29M      /etc
12K      /home
0        /lib
0        /lib64
0        /media
0        /mnt
28K      /opt
0        /proc
157M     /root
18M      /run
0        /sbin
0        /srv
0        /sudo
0        /sys
76K      /tmp
4.0G     /usr
269M     /var
```

14.2.2　添加交换分区

SWAP 交换分区是一种经过在硬盘中预先划分固定的空间，然后把内存中暂时不常用的数据暂时存放到硬盘中，以便腾出物理内存空间，让更活跃的程序服务来运行，其规划意图是处理物理内存不足的问题，让硬盘帮内存分担压力。但由于交换分区毕竟是经过硬盘设备读 / 写数据的，速度必定比物理内存慢，所以，只有当物理内存耗尽时才会调用交换分区的资源。

交换分区的创建与前文介绍的挂载并运用存储设备的进程十分类似。例如，在 /dev/sdb 存储设备上划分一块交换分区，需要先确定交换分区的存储容量，在生产环境中，交换分区的大小一般为物理内存的 1.5 ～ 2 倍，为了更明显地感受交换分区空间的改变，下面取出一个大小为 5GB 的磁盘容量作为交换分区资源，代码如下：

```
[root@kylinos ~]# fdisk /dev/sdb


欢迎使用 fdisk （util-linux 2.35.2）。
更改将停留在内存中，直到您决定将更改写入磁盘。
使用写入命令前请三思。


命令（输入 m 获取帮助）: n
分区类型
    p   主分区（1 primary,  0 extended,  3 free）
    e   扩展分区（逻辑分区容器）
选择（默认 p）:
分区号（2-4, 默认 2）:
第一个扇区（4196352-41943039, 默认 4196352）:
最后一个扇区, +/-sectors 或+size{K, M, G, T, P}（4196352-41943039, 默认 41943039）: +5G

创建了一个新分区 2, 类型为 "Linux", 大小为 5GB。
```

上述操作完毕，就得到了一个容量为 5GB 的新分区，修改分区标识码为 82（Linux swap），代码如下：

```
命令（输入 m 获取帮助）: t
分区号 (1,2, 默认  2):
Hex 代码（输入 L 列出所有代码）: 82
```

已将分区"Linux"的类型更改为"Linux swap / Solaris"。

```
命令（输入 m 获取帮助）: p
Disk /dev/sdb: 20 GB, 21474836480 字节, 41943040 个扇区
磁盘型号: VMware Virtual S
单元: 扇区 / 1 * 512 = 512 字节
扇区大小（逻辑 / 物理）: 512 字节 / 512 字节
I/O 大小（最小 / 最佳）: 512 字节 / 512 字节
磁盘标签类型: dos
磁盘标识符: 0xcc76694b


设备        启动      起点       末尾        扇区大小  Id  类型
/dev/sdb1  2048      4196351   4194304    2GB      83  Linux
/dev/sdb2  4196352   14682111  10485760   5GB      82  Linux swap / Solaris
```

输入命令 w，保存以上配置信息，代码如下：

```
命令（输入 m 获取帮助）: w
分区表已调整。
正在同步磁盘。
```

mkswap 命令用于对新设备做交换分区格式化。mkswap 的英文全称为 make swap，语法为"mkswap 设备名称"，具体代码如下：

```
[root@kylinos ~]# mkswap /dev/sdb2
正在设置交换空间版本 1, 大小 = 5 GB (5368705024 字节)
无标签, UUID=4a0d6afe-d46a-4e59-afb5-ad023a25b9ed
```

swapon 命令用于激活新的交换分区设备。swapon 的英文全称为 swap on，语法如下："swapon 设备称号"。

运用 swapon 命令把准备好的 SWAP 硬盘设备正式挂载到系统中，读者可以正常运用 free -m 命令检查交换分区的大小改变（由 2047MB 增加到 7167MB），代码如下：

```
[root@kylinos ~]# free -m
         total    used     free     shared   buff/cache   available
Mem:     2888     552      1372     120      962          1914
Swap:    2047     0        2047
```

```
[root@kylinos ~]# swapon /dev/sdb2
[root@kylinos ~]# free -m
          total      used      free      shared    buff/cache    available
Mem:      2888       556       1368      120       962           1910
Swap:     7167       0         7167
```

为了能够让新的交换分区设备在重启后仍然自动挂载，需要将相关信息写入配置文件 /etc/fstab 中，代码如下：

```
[root@kylinos ~]# vim /etc/fstab
#
# /etc/fstab
# Created by anaconda on Thu Aug 12 06:59:33 2022
#
# Accessible filesystems, by reference, are maintained under '/dev/disk/'.
# See man pages fstab(5), findfs(8), mount(8) and/or blkid(8) for more
info.
#
# After editing this file, run 'systemctl daemon-reload' to update systemd
# units generated from this file.
#
/dev/mapper/klas-root                               /      xfs    defaults   0 0
UUID=7a827bbf-8ffb-44cb-bd47-4ac618e64fa0 /boot  xfs    defaults   0 0
/dev/mapper/klas-swap            swap   swap               defaults   0 0
/dev/sdb2                        swap   swap               defaults   0 0
```

14.2.3 磁盘格式化

银河麒麟高级服务器操作系统支持数十种文件系统，最常见的文件系统有如下几种：

（1）Ext2。Ext2 最早可追溯到 1993 年，是银河麒麟高级服务器操作系统的第一个商业级文件系统，沿用的是 UNIX 文件系统的设计标准。但由于不包括读写日志功用，数据丢失的可能性很大，所以，能不用就不要用，顶多用于 SD 存储卡或 U 盘。

（2）Ext3。Ext3 是一款日志文件系统，它会把整个硬盘的每个写入动作的细节都预先记录下来，然后进行实际操作，以便在产生反常宕机后能回溯追寻到被中止的部分。Ext3 能够在系统反常宕机时防止文件系统材料丢掉，并能主动修正数据的不一致与过错。可是，当硬盘容量较大时，所需的修正时间也会很长，而且不能百分之百地确保材料不会丢失。

（3）Ext4。Ext4 是 Ext3 的改善版本，它支持的存储容量高达 1EB（1EB= 1073741824GB），且能够有无限多的子目录。另外，Ext4 文件系统能够批量分配 Block 块，这极大地提高了读 / 写效率。现在许多主流服务器都运用 Ext4。

（4）XFS。XFS 是一种高性能的日志文件系统，它的优势在于发生意外宕机后，能迅速恢复被损坏的文件，对文件系统元数据提供了日志支持，擅长处理大文件，同时提供大型的数据传输，而且它最大可支持的存储容量为 18EB。

新创建的分区，需要进行格式化才能投入使用。格式化命令为 mkfs，其语法结构如图 14-11 所示。

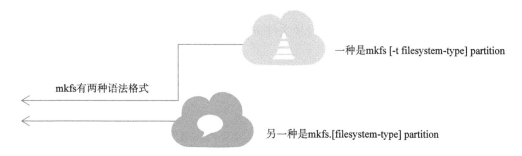

一种是mkfs [-t filesystem-type] partition

mkfs有两种语法格式

另一种是mkfs.[filesystem-type] partition

图 14-11　mkfs 语法结构

示例 1：将 /dev/sdb1 格式化成 Ext4 类型的文件系统，代码如下：

```
[kylin@yhkylin:~]# mkfs.ext4 /dev/sdb1
[sudo] kylin 的密码：
mke2fs 1.42.13 (17-May-2015)
Found a dos partition table in /dev/sdb1
无论如何也要继续？(y,n) y    <---- 输入 y，表示确认格式化
Creating filesystem with 102400 1k blocks and 25688 inodes
Filesystem UUID: deba0168-79ec-430a-bd60-e1d2b7869451
Superblock backups stored on blocks:
8193, 24577, 40961, 57345, 73729


Allocating group tables: 完成
正在写入 inode 表：完成
Creating journal (4096 blocks): 完成
Writing superblocks and filesystem accounting information: 完成
```

示例 2：使用 mkfs -t 方式将 /dev/sdb1 格式化成 ntfs 格式，代码如下：

```
[kylin@yhkylin:~]# mkfs -t ntfs /dev/sdb1

Cluster size has been automatically set to 4096 bytes.

Initializing device with zeroes: 100% - Done.

Creating NTFS volume structures.

mkntfs completed successfully. Have a nice day.
```

14.2.4 挂载磁盘

mount 命令用于挂载文件系统，格式为"mount 文件系统挂载目录"。mount 命令中可用的参数及效果如表 14-3 所示。挂载是在运用硬件设备前所执行的最后一步操作。运用mount 命令把硬盘设备或分区与一个目录文件进行关联，就能在这个目录中看到硬件设备中的数据。

mount 中的 -a 参数会在执行后主动查看 /etc/fstab 文件中有无遗漏被挂载的设备文件，如果有，则进行主动挂载操作。

表 14-3　mount 命令中可用的参数及效果

参　　数	效　　果
-a	挂载一切在 /etc/fstab 中的文件系统
-t	指定文件系统的类型

例如，要把设备 /dev/sdb2 挂载到 /kylinos 目录，只需要在 mount 命令中输入设备与挂载目录参数即可，系统就会主动去判别要挂载文件的类型，代码如下：

```
[root@kylinos ~]# mount /dev/sdb2 /kylinos
```

如果在工作中要挂载的是一块网络存储设备，设备名称可能会变来变去，再写 sdb 就不太合适了。这时可用 UUID（通用唯一识别码）进行挂载操作，这是一串用于标识每块独立硬盘的字符串，具有唯一性及稳定性，特别合适挂载网络设备时运用。

blkid 命令用于显现设备的特点信息。blkid 的英文全称为 block id，语法如下："blkid [设备名]"，代码如下：

```
[root@kylinos ~]# blkid
/dev/mapper/klas-root: UUID="950b6e71-b706-45c8-a6ab-623b7e830d5d" BLOCK_
SIZE="512" TYPE="xfs"
/dev/sdb2: UUID="HrluFR-Oik9-gK2h-f9Oz-VnTM-yqs4-zcfwwC" TYPE="LVM2_
member" PARTUUID="4ddbaeb2-02"
```

```
/dev/sda1: UUID="7a827bbf-8ffb-44cb-bd47-4ac618e64fa0" BLOCK_SIZE="512"
TYPE="xfs" PARTUUID="4ddbaeb2-01"
/dev/mapper/klas-swap: UUID="5e94f3c9-9c86-4190-acdd-d268c8639137"
TYPE="swap"
```

有了设备的 UUID 值之后，就可以用它挂载网络设备了，代码如下：

```
[root@kylinos ~]# mount UUID=HrluFR-Oik9-gK2h-f9Oz-VnTM-yqs4-zcfwwC /
kylinos
```

尽管按照上述办法执行 mount 命令后就能运用文件系统了，但系统在重启后挂载就会失效，也就是需要每次开机后都手动挂载一下。假如想让硬件设备和目录永久进行主动关联，就必须把挂载信息按照如下格式："设备文件、挂载目录、文件系统类型、权限选项、是否备份、是否自检"写入 /etc/fstab 文件中，各字段的含义如表 14-4 所示。

表 14-4　fstab 文件字段含义

字段	含义
设备文件	一般为设备的路径＋设备编号，也能够写唯一识别码（Universally Unique Identifier，UUID）
挂载目录	指定要挂载到的目录，需在挂载前创建好
文件系统类型	指定文件系统的格式，如 Ext3、Ext4、XFS、SWAP、ISO9660（此为光盘设备）等
权限选项	若设置为 defaults，则默认权限为 rw、suid、dev、exec、auto、nouser、async
是否备份	若为 1，则开机后运用 dump 命令进行磁盘备份；为 0 则不备份
是否自检	若为 1，则开机后主动进行磁盘自检；为 0 则不自检

如果想将文件系统为 Ext4 的硬件设备 /dev/sdb2 在开机后主动挂载到 /kylinos 目录上，并坚持默认权限且无须开机自检，就需要在 /etc/fstab 文件中写入下面的信息，这样在系统重启后也会成功挂载，代码如下：

```
[root@kylinos ~]# vim /etc/fstab
#
# /etc/fstab
# Created by anaconda on Thu Aug 12 06:59:33 2022
/dev/mapper/klas-root    /                        xfs    defaults    0 0
UUID=7a827bbf-8ffb-44cb-bd47-4ac618e64fa0 /boot xfs    defaults    0 0
/dev/mapper/klas-swap    swap                     swap   defaults    0 0
/dev/sdb2                /kylinos                 ext4   defaults    0 0
```

写入 /etc/fstab 文件中的设备信息并不会立即生效，需要用 mount -a 参数进行主动挂载，代码如下：

```
[root@kylinos ~]# mount -a
```

想检查一下当时系统中设备的挂载状况，可使用 df 命令，它不仅可以列出系统中正在被运用的设备有哪些，还可以用 -h 选项快捷地将存储容量单位转变为易读格式，例如，10240KB 会显示为 10MB，代码如下：

```
[root@kylinos ~]# df -h
文件系统                容量     已用    可用     已用%  挂载点
devtmpfs               1.4GB    0      1.4GB    0%    /dev
tmpfs                  1.5GB    0      1.5GB    0%    /dev/shm
tmpfs                  1.5GB    9.6MB  1.5GB    1%    /run
tmpfs                  1.5GB    0      1.5GB    0%    /sys/fs/cgroup
/dev/mapper/klas-root  17GB     4.7GB  9.4GB    46%   /
tmpfs                  1.5GB    96KB   1.5GB    1%    /tmp
/dev/sda1              1014MB   384MB  631MB    38%   /boot
tmpfs                  289MB    52KB   289MB    1%    /run/user/0
/dev/sr0               3.3GB    3.3GB  0        100%  /media/cdrom
/dev/sdb2              3.9GB    0GB    3.9GB    100%  /kylinos
```

挂载文件系统是为了运用硬件资源，而卸载文件系统就意味不再运用硬件的设备资源。挂载操作是把硬件设备与目录进行关联，卸载操作只需要阐明想要撤销相关的设备文件或挂载目录的其中一项即可，一般不需要加其他额定的参数。

umount 命令用于卸载设备或文件系统。umount 的英文全称为 un mount，语法如下："umount [设备文件 / 挂载目录]"。

```
[root@kylinos ~]# umount /dev/sdb2
```

当处在设备所挂载的目录时，系统会提示该设备繁忙，这时只需退出到其他目录，再测验一次即可，代码如下：

```
[root@kylinos ~]# cd /media/cdrom/
[root@kylinos cdrom]# umount /dev/cdrom
umount: /media/cdrom: target is busy.
[root@kylinos  cdrom]# cd ~
[root@kylinos ~]# umount /dev/cdrom
[root@kylinos ~]#
```

14.3　逻辑卷

在分区时，每个分区应该分多大是令人头疼的，随着长时间的运行，不管分区多大，都会被数据占满。当遇到某个分区不够用时，管理员可能要备份整个系统、清除硬盘、重新对硬盘分区，然后恢复数据到新分区。

虽然现在有很多动态调整磁盘的工具，但是它并不能完全解决问题，因为某个分区可能会再次被耗尽。并且动态调整磁盘需要重新引导系统才能实现，对于很多关键的服务器来说，停机是不可接受的。对于添加新硬盘来说，希望一个能跨越多个硬盘驱动器的文件系统时，分区调整程序就不能解决问题。

逻辑卷管理（Logical Volume Manager，LVM）可以动态调整磁盘容量，在不停机的前提下对文件系统的大小进行调整，可以方便实现文件系统跨越不同磁盘和分区。LVM 还可以动态添加一个硬盘到一个正在运行中的卷组，从而提高磁盘管理的灵活性。

14.3.1　逻辑卷简介

LVM 是银河麒麟高级服务器操作系统中对磁盘分区进行管理的一种机制，是建立在物理存储设备之上的一个抽象层。LVM 需要以下技术支持：

1. 物理卷（PV）

物理卷是指硬盘分区或从逻辑上与磁盘分区具有同样功能的设备（如 RAID），是 LVM 的基本存储逻辑块，但和基本的物理存储介质（如分区、磁盘等）比较，其包含与 LVM 相关的管理参数。

2. 卷组（VG）

LVM 卷组类似于非 LVM 系统中的物理硬盘，其由物理卷组成。可以在卷组上创建一个或多个"LVM 分区"（逻辑卷）。

3. 逻辑卷（LV）

逻辑卷类似于非 LVM 系统中的硬盘分区，在逻辑卷之上可以建立文件系统（如 /home、/usr 等）。

4. PE

PE（Physical Extents）是物理卷的基本单元。具有唯一编号的 PE 是可以被 LVM 寻址的最小单元，PE 的大小是可配置的，默认为 4MB。

图 14-12 所示为逻辑卷结构。

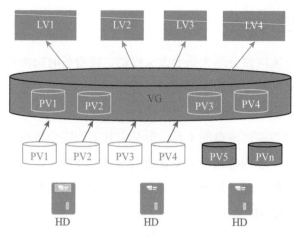

图 14-12　逻辑卷结构

14.3.2　逻辑卷管理

普通的硬盘变成逻辑卷，并且能够正常使用，需要经过如下步骤：真实的物理设备→物理卷（PV）→卷组（VG）→逻辑卷（LV）→逻辑卷格式化→挂载使用。

（1）利用 fdisk 命令把实际的物理分区转化成 8e 的系统格式，然后利用 pvcreate 命令把分区变成能够利用的物理卷。

（2）一个或多个物理卷组合而成的整体形成一个逻辑意义上的硬盘，即卷组。PE 是逻辑卷管理中最小的存储单位，大小一般为 4MB。PE 是构成 VG 的基本单位。

（3）从卷组中分割出的一块空间，用于建立文件系统。类似于在逻辑硬盘上重新分区、格式化。这样分割出来的一块空间称为逻辑卷。

在逻辑卷管理中常用到的命令如表 14-5 所示。

表 14-5　逻辑卷管理中常用到的命令

功能	物理卷管理	卷组管理	逻辑卷管理
Scan（扫描）	pvscan	vgscan	lvscan
Create（建立）	pvcreate	vgcreate	lvcreate
Display（显示）	pvdisplay	vgdisplay	lvdisplay
Remove（删除）	pvremove	vgremove	lvremove
Extend（扩展）		vgextend	lvextend
Reduce（减少）		vgreduce	lvreduce

下面举例说明。

（1）让新添加的两块硬盘设备支持 LVM 技术，并生成为物理卷，代码如下：

```
[root@kylin-vm:~]#fdisk    /dev/sdb
T
8e
[root@kylin-vm:~]# pvcreate /dev/sdb /dev/sdc
Physical volume "/dev/sdb" successfully created.
Physical volume "/dev/sdc" successfully created.
```

（2）把两块硬盘设备加入自定义卷组 myvg 中，查看卷组的状态，代码如下：

```
[root@kylin-vm:~]# vgcreate myvg /dev/sdb /dev/sdc
  volume group "myvg" successfully created
```

（3）切割出一个大小约为 150MB 的逻辑卷，代码如下：

```
[root@kylin-vm:~]# lvdisplay
[root@kylin-vm:~]# lvcreate -n mylv -l 40 myvg
  Logical volume "mylv" created.
```

在对逻辑卷进行切割时有两种计量单位。第一种是以容量为单位，使用的参数为 -L，
例如，使用 -L 150M 命令生成一个大小为 150MB 的逻辑卷；另一种是以 PE 的个数为单
位，使用的参数为 -l，每个 PE 的大小默认为 4MB，例如，使用 -l 40 命令可以生成一个大
小为 40×4MB=160MB 的逻辑卷。

（4）把生成好的逻辑卷进行格式化，然后挂载使用，代码如下：

```
[root@kylin-vm:~]# mkfs.ext4 /dev/myvg/mylv
mke2fs 1.46.5 (07-Jan-2020)
创建含有 40960 个块（每块 4k）和 40960 个 inode 的文件系统
文件系统 UUID: 55c3fa0b-35f7-4e2d-ad25-ff9ba0ca5247
超级块的备份存储于下列块：        32768
正在分配组表：完成
正在写入 inode 表：完成
创建日志（4096 个块）完成
写入超级块和文件系统账户统计信息：已完成
[root@kylin-vm:~]# mkdir /data/mylv
[root@kylin-vm:~]# mount /dev/myvg/mylv /data/mylv
```

（5）查看挂载状态，并写入到配置文件，使其永久生效，代码如下：

```
[root@kylin-vm:~]# df -h|grep -v tmpfs
文件系统                容量      已用    可用    已用% 挂载点
udev                    936MB      0     936MB     0% /dev
/dev/sda5               17GB     12GB    4.6GB    72% /
/dev/sda7               12GB     41MB    11GB      1% /data
/dev/sda1               976MB   146MB   764MB     17% /boot
/dev/mapper/myvg-mylv   139MB   176KB   128MB      1% /data/mylv
[root@kylin-vm:~]# echo "/dev/myvg/mylv /data/mylv ext4 defaults 0 0" >>
/etc/fstab
```

（6）把逻辑卷 mylv 扩展至 300MB，代码如下：

```
[root@kylin-vm:~]# lvextend -L 300M /dev/myvg/mylv
  Size of logical volume myvg/mylv changed
 from 292.00 MiB (73 extents) to 300.00 MiB (75 extents).
  Logical volume myvg/mylv successfully resized.
```

（7）检查硬盘完整性，并重置硬盘容量，代码如下：

```
[root@kylin-vm:~]# e2fsck -f /dev/myvg/mylv
e2fsck 1.46.5 (07-Jan-2020)
/dev/myvg/mylv: 11/40960 文件（0.0% 为非连续的）， 5428/40960 块
[root@kylin-vm:~]# resize2fs /dev/myvg/mylv
resize2fs 1.46.5 (07-Jan-2020)
将 /dev/myvg/mylv 上的文件系统调整为 76800 个块（每块 4k）。
   /dev/myvg/mylv 上的文件系统现在为 76800 个块（每块 4k）。
```

14.4 磁盘阵列

磁盘阵列通过 RAID 技术把多个硬盘设备组合成一个容量更大、安全性更好的磁盘阵列，并把数据切割成多个区段后分别存放在各个不同的物理硬盘设备上，然后利用分散读写技术来提升磁盘阵列整体的性能，同时把多个重要数据的副本同步到不同的硬盘上，从而起到非常好的数据冗余备份效果。

RAID 的优势如下：

·冗余备份，降低硬盘故障导致的数据丢失概率。

·硬盘吞吐量的提升，提升了硬盘的读 / 写速度。

RAID 的劣势是成本提升，但企业更注重的是数据本身的价值。

出于成本和技术方面的考虑，需要针对不同的需求在数据可靠性及读 / 写性能上做出权衡，制定出满足各自需求的不同方案。目前，已有的 RAID 磁盘阵列的方案至少有十几种，接下来将详细讲解 RAID 0、RAID 1、RAID 5 与 RAID 10 这 4 种最常见的方案。

14.4.1　RAID0

RAID0 是一种非常简单的方式，它将多块磁盘组合在一起，形成一个大容量的存储设备。写入数据时，会将数据分为 N 份，以独立的方式实现 N 块磁盘的读 / 写，这 N 份数据会并发地写入到磁盘中，因此，执行性能非常高。

RAID0 也称为数据条带化，其特点如下：

数量：两块及以上的硬盘，性能和容量随硬盘数递增。

优势：所有 RAID 级别中，速度最快。

缺点：无冗余或错误修复能力，无法容忍硬盘损坏。

图 14-13 所示为 RAID0 的结构示意图。

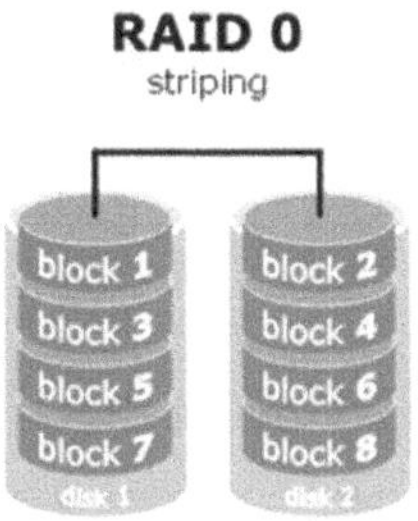

图 14-13　RAID0 的结构示意图

RAID0 的读 / 写性能理论上是单块磁盘的 N 倍（仅限于理论上，因为实际中磁盘的寻址时间也是性能占用的大头）。

RAID0 不提供数据校验或冗余备份，一旦某块磁盘损坏了，数据就会丢失，无法恢复，因此，RAID0 不能用于高要求的业务中，仅可以用在对可靠性要求不高和对读 / 写性能要求高的场景中。

14.4.2　RAID1

RAID1 是磁盘阵列中单位成本最高的一种方式，因为它的原理是在往磁盘写数据时，将同一份数据无差别地写两份到磁盘，分别写到工作磁盘和镜像磁盘，所以，它的实际空间使用率只有 50%，这是一种比较昂贵的方案。

RAID1 与 RAID0 的效果相反。RAID1 这种写双份的做法，给数据做了一个冗余备份。这样，任何一块磁盘损坏了，都可以基于另一块磁盘去恢复数据，数据的可靠性非常强，但性能就没那么好了。

RAID1 数据镜像盘的特点如下：

数量：两块以上的硬盘（偶数个）。

优势：数据在每组磁盘中各有一份，读取性能好，一组磁盘损坏，不影响数据访问。

缺点：写入性能下降，因为要写入双份数据。

图 14-14 所示为 RAID1 的结构示意图。

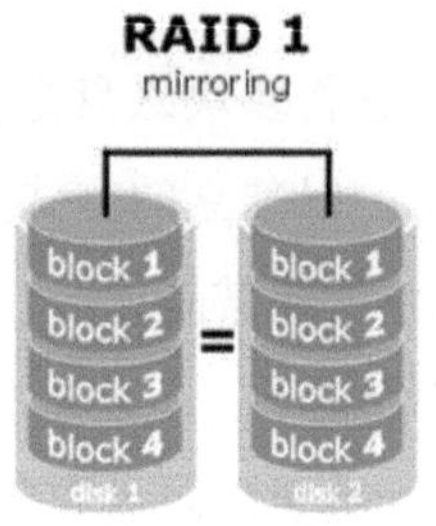

图 14-14　RAID1 的结构示意图

14.4.3　RAID5

RAID5 是目前使用最多的一种方式，因为 RAID5 是一种将存储性能、数据安全、存储成本兼顾的一种方案。

在了解 RAID5 之前，先介绍 RAID3，虽然 RAID3 用得很少，但弄清楚了 RAID3 就很容易明白 RAID5。

RAID3 将数据按照 RAID0 的形式分成多份，同时写入多块磁盘，还会留出一块磁盘用于写 "奇偶校验码"。例如，共有 N 块磁盘，让其中 $N-1$ 块用来并发地写入数据，第 N 块磁盘用于记录校验码数据。一旦某块磁盘坏掉了，就可以利用其他 $N-1$ 块磁盘去恢复数据。

由于第 N 块磁盘是校验码磁盘，因此，有任何数据的写入都会去更新这块磁盘，导致这块磁盘的读 / 写是最频繁的，也就非常容易损坏。

RAID5 对 RAID3 进行了改进。

在 RAID5 模式中，不再需要用单独的磁盘写校验码。它把校验码信息分布到各个磁盘上。例如，共有 N 块磁盘，将要写入的数据分成 N 份，并发地写入 N 块磁盘中，将数据的校验码信息也写入这 N 块磁盘中（数据与对应的校验码信息必须分开存储在不同的磁盘上）。一旦某块磁盘损坏了，就可以用剩下的数据和对应的奇偶校验码信息去恢复损坏的数据。

RAID5 奇偶校验盘的特点如下：

数量：3 块以上硬盘。

优势：能容忍任意坏掉一块盘，奇偶校验恢复接近 RAID0 的数据读取速度，具有一定的容灾能力，写入速度比 RAID1 慢。

图 14-15 所示为 RAID5 的结构示意图。

RAID 5
parity across disks

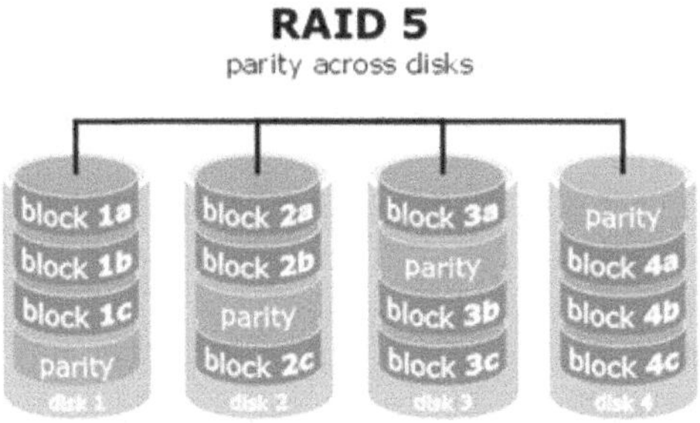

图 14-15　RAID5 的结构示意图

14.4.4　RAID10

RAID10 兼具 RAID1 和 RAID0 的有优点。首先，基于 RAID1 模式将磁盘分为两份，写入数据时，将所有的数据在两份磁盘上同时写入，相当于写了双份数据，起到了数据保障的作用。在每份磁盘上又会基于 RAID0 技术将数据分为 N 份，并发地读 / 写，这样保障了数据的效率。RAID01 又称为 RAID0+1，先进行条带存放（RAID0），再进行镜像（RAID1）。RAID10 又称为 RAID1+0，先进行镜像（RAID1），再进行条带存放（RAID0）。

RAID01/RAID10 模式有一半磁盘空间用于存储冗余数据，比较浪费，因此，用得也不是很多。

RAID01/RAID10 盘的特点如下：

数量：至少 4 块磁盘。

优势：更好的性能、更好的可靠性。

缺点：成本高、容量小。

图 14-16 所示为 RAID01 与 RAID10 的结构示意图。

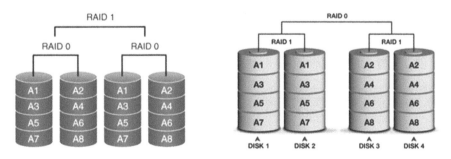

图 14-16　RAID01 与 RAID10 的结构示意图

14.4.5　磁盘阵列管理

银河麒麟高级服务器操作系统中可以利用 mdadm 工具实现磁盘阵列的管理。mdadm 通过使用多个参数来实现不同功能。默认没有安装 mdadm 软件包，需要提前下载 mdadm 工具包，代码如下：

```
rpm -qa mdadm
```

/etc/mdadm.conf 配置文件用来帮助维护做好的 RAID，但是创建 RAID 并不需要该配置文件。

mdadm 命令的基本语法如下：mdadm [选项] [设备名称]

-C：Create 创建一个新的阵列，每个 device 具有 superblocks 参数。

-v：详细输出模式。

-l：设定磁盘阵列的级别。

-n：磁盘的个数。

-c：设定阵列的条带大小，单位为 KB。

-A：激活磁盘阵列。

-S：停止磁盘阵列。

-D：磁盘阵列的详细情况。

-r：移除磁盘。

-f：将设备状态设定为故障。

（1）创立 RAID，代码如下：

```
# 创建 RAID1 卷
mdadm -Cv /dev/md1 -l1 -n2 /dev/sdb1 /dev/sdc1
# 创建 RAID5 卷
mdadm -Cv /dev/md5 -l5 -n3 /dev/sdb2 /dev/sdc2 /dev/sdd2
```

（2）查看 RAID，代码如下：

```
mdadm -D /dev/md1
```

（3）创立配置文件，代码如下：

```
mdadm -D -s >> /etc/mdadm.conf
```

（4）停止 RAID，代码如下：

```
mdadm  -S /dev/md1
```

（5）激活 RAID，代码如下：

```
mdadm -A /dev/md1
```